Los Siete Pecados de la Ciencia

Los Siete Pecados de la Ciencia

Evolución, cáncer, calentamiento global y otros hijos pródigos.

Manifiesto para jóvenes científicos y amantes de la ciencia.

Manuel Troconis G.

A los engranajes de mi amor:

Pinky, Manu, Pepe, Plomi
Mamá, Papá
Hermanos
Sobrinos
Abuelos
Padrinos

Tabla de Contenido

Prefacio

A pesar de tener un título quizás provocativo, este libro no es un ejercicio burlesco hacia los apasionados y honestos científicos que circulan por los salones de clases, laboratorios o por los campos de prácticas experimentales, lugares éstos donde comúnmente llevan y crean conocimiento a través de sus lecciones e investigaciones. Tampoco es una absolución a las religiones y movimientos religiosos responsables de los cepos mentales que han amarrado nuestra libertad de pensamiento durante tantos siglos. (Como uno de tantos ejemplos, simplemente recordemos que fuimos forzados a creer que la Tierra era plana, a pesar haber mirado por tanto tiempo al cielo, donde todo es esférico; inclusive hoy, muchas religiones se aferran a la idea de que el hombre se parece más a Dios todopoderoso que a los humildes simios). Confieso que siendo un individuo abiertamente secular (léase: ateo), siento una alegría extrema cuando reviso los hallazgos y avances de la humanidad en la senda científica.

En el siglo XVII, René Descartes bosquejó las bases de la ciencia moderna. De manera exitosa bautizó la entonces blasfema expresión: "ver para creer", y de forma refinada le dio un nombre cristiano: "la duda metódica". Esta terminología, astuta e inteligente, le permitió a Descartes evitar ser condenado a la hoguera, porque sabía que su herejía mental ponía en entredicho la fe que solo debía reposar en Dios todopoderoso. Su "duda metódica", temeraria y revolucionaria, se convirtió en el "Big Bang" del conocimiento, en el empuje casi mágico para el alumbramiento del pensamiento liberador, que le hizo frente a todo lo que había sido impuesto hasta entonces. Así surgió la ciencia moderna, como el parto intelectual de corajudos pero temerosos científicos. Hasta ese momento, el mundo del conocimiento se había forjado en Asia y en el Medio Oriente, a punta de observación, tiempo y muchísima suerte.

El método científico definió además el comienzo de la hegemonía de Occidente y permitió que Europa saltase adelante en la carrera del progreso. Los trabajos de Copérnico, Galileo, Newton y otros más representaron el punto de partida; el Big Bang y la teoría de la evolución destronaron al Génesis y a la generación espontánea; el heliocentrismo desplazó al geocentrismo; y a manos de Einstein y las hermosas transformadas de Lorentz ya hemos sido testigos del auge y la decadencia de las leyes de Newton.

La ciencia significó el comienzo de la cordura y el fin de la ceguera, pero aun hoy, al igual que en el pasado, nuestro ego sigue creando parcelas de oscuridad dentro de la mismísima ciencia y dentro de sus cinco siglos de luces. Las implicaciones de tal oscuridad pueden ser terribles y se corre el riesgo de desperdiciar horas y recursos valiosos trabajando en trampas intelectuales y "cosas útiles que no sirven para nada", como lo han sido la santificación de los dinosaurios y las etéreas discusiones sobre Plutón.

La humanidad y la Pachamama están en peligro. La ciencia indica el rumbo. Pero aun así se debe descubrir el camino aceptando al mismo tiempo que no habrá destino. Al igual como sucedió con el "hijo pródigo" de la parábola bíblica, la ciencia a veces pierde la buena ruta, pero siempre es bienvenida de vuelta si está dispuesta a limpiar su espíritu.

Este libro es entonces una crítica a esas fuerzas oscuras que rodean al increíble regalo de la ciencia. Un pasado sin manchas y sin pecado probablemente sea la única forma de llegar a lo que, de lo contrario, sería un imposible futuro.

Nota: Quisiera ofrecer mi disculpa a los tantos amigos, familiares y a la buena gente de este mundo que continúan teniendo, de manera convencida, creencias religiosas. ¡El amor siempre vence!

Mi disculpa no va a aquellos que asesinan en nombre de Dios, ni a tele-evangelistas que personifican a criminales legales y a ejecutores de patrañas prohibidas como pirámides religiosas y ofertas engañosas. Sugiero además que se eximan de leer este libro los supremacistas, los racistas, los homófobos y, en general, todos aquellos que no logran desinstalar el odio de sus vidas.

Los Siete Pecados

Durante casi dos mil años, la tradición y la cultura popular nos han presentado, de manera muy dramática, las siete ofensas de la cristiandad. Recordemos que ellas son: la soberbia, la avaricia, la lujuria, la envidia, la gula, la ira y la pereza. En el pasado, incurrir en alguna de estas desviaciones nos garantizaba una parada en el purgatorio para allí limpiar nuestras almas. Hoy en día, poco importan al mundo esos pecados y a lo sumo nos ganarían la mala cara de los ortodoxos.

La ciencia tiene también sus siete pecados. La igualdad numérica es pura coincidencia, pero, en este caso, hacernos de la vista gorda puede tener consecuencias catastróficas para la humanidad. Como soporte de nuestro argumento, a continuación, encontrarán la definición de los siete pecados de la ciencia que extrajimos del diccionario, y presentamos los ejemplos "científicos" de cada uno de ellos. En los subsiguientes capítulos desnudaremos a algunos de los penitentes más famosos.

Primer Pecado: La Absolutez

Definición: Calidad o estado de ser sin restricción, excepción o calificación.

Explicación: Casi cualquier pronunciamiento que contenga las palabras "ley", "principio" o "universal", está afectado por este pecado. Inevitablemente, pocas décadas después de haber sido

1

exaltados, todos estos pronunciamientos terminan siendo desmentidos o considerados incompletos. Este pecado se ha manifestado una y otra vez en la ciencia desde el siglo XVII. Está íntimamente ligado a los pecados Miopía y Estancamiento que también se encuentran en esta lista. La Arrogancia, el pecado que explicamos a continuación, es el procreador de la Absolutez.

Ejemplo: Según la ciencia, no existe nada más veloz que la luz.

Segundo Pecado: La Arrogancia

Definición: Exagerado sentido de la propia importancia que se muestra en la expresión de argumentos excesivos o injustificados.

Explicación: La Arrogancia en la ciencia es la creencia de que los seres humanos son poseedores de la verdad con relación al entendimiento del universo. La Arrogancia constituye el pecado original de la ciencia moderna cuando al nacer reemplazó el teocentrismo por el antropocentrismo.

Ejemplo: En el pasado se imponía la idea de que la Tierra era el centro del universo y hoy aún se cree que el hombre es el ser más inteligente de estas latitudes. De la misma manera, muchas escuelas de pensamiento científico están viciadas por la perspectiva humana de la realidad.

Tercer Pecado: El Monolingüismo

Definición: Hablar o utilizar un único idioma.

Explicación: La matemática es la única lengua hablada por la ciencia; ha alcanzado sofisticación a través del cálculo y simplificación con la introducción de las computadoras y los métodos numéricos. La matemática, como cualquier enfermedad contagiosa, afecta casi todas las ramas de la ciencia, forzando a esta última a establecer y utilizar complicados o poco naturales modelos y expresiones. Una vez que se supere esta tremenda limitación, y en presencia de otros idiomas científicos, es probable que aparezcan otros mundos desconocidos y fascinantes.

Ejemplo: El número π que ocurre de manera natural y recurrente en todo el universo es al mismo tiempo el número matemáticamente considerado "irracional" 3.14159265358…

Cuarto Pecado: La Miopía

Definición: Patología ocular manifiesta en la dificultad de ver adecuadamente objetos alejados.

Explicación: La Miopía es la limitación intelectual para reconocer lo obvio y para no ver las murallas levantadas por otros pecados frente al conocimiento y a la verdad. La miopía científica nos impide ver otros actores, en el microcosmos y en el infinito, que se encuentran detrás de los grandes telones dejados caer por ideas como la evolución o los ciclos de la naturaleza.

Ejemplo: Ya sea físicamente o en nuestra imaginación, la ciencia se impone a si misma fronteras, como en el caso de los límites del universo o en esa pared de nuestra curiosidad llamada "instintos".

Quinto Pecado: El Estancamiento

Definición: Estado o condición marcada por la falta de flujo, movimiento o desarrollo.

Explicación: El Estancamiento es el espíritu suicida de la ciencia. En muchos casos, una vez que un postulado alcanza cierto grado de éxito o de aceptación, la investigación y el desarrollo se detienen. Esta condición está en contradicción con los principios de la ciencia moderna que surgió como consecuencia de la "duda metódica". Con frecuencia, el Estancamiento es un efecto secundario de la Absolutez. La teoría de la evolución es el caso más patético, con más de 150 años de sufrimiento.

Ejemplo: En 1859, Charles Darwin propuso su teoría de la evolución. Desde entonces, la ciencia se ha estancado en la confirmación, la demostración y la rumia de algo que desde hace décadas se entiende obvio. (1).

Sexto Pecado: El Estrellato

Definición: El estado de ser un personaje muy famoso.

Explicación: Esta ofensa, que se explica por sí sola, es además el pecado original de la pseudociencia llamada economía. La banalidad, la pérdida de valor y la pérdida de tiempo son las obvias y terribles consecuencias de este pecado; como si estar en boga fuera un propósito. El Estrellato llegó a la ciencia a través de su "intercambio comercial" con la economía, durante la comisión del siguiente y más mortal de los pecados: la Sumisión.

Ejemplo: Los dinosaurios. Ni siquiera el gran tamaño es exclusivo de estos fósiles y, a pesar de que se extinguieron hace miles de años, ellos continúan siendo los reyes del mundo del espectáculo científico.

Séptimo Pecado: La Sumisión

Definición: Acción de someterse, sin cuestionamiento, a la autoridad o a la voluntad de otra persona o a lo que las circunstancias imponen.

Explicación: Desde el comienzo de la Revolución Industrial y bajo increíbles términos sadomasoquistas, la política y la economía han sodomizado a la ciencia, y la humanidad está pagando un alto precio por ello. Este vergonzoso pecado se repite una y otra vez en las guerras modernas, en el calentamiento global o en la crisis de los opioides. En cada uno de estos casos, la ciencia se constituye en la habilitadora de esos procesos a través del diseño de armas, de los desperdicios tóxicos, de la super-combustión, de las drogas (legales e ilegales) y otros subproductos científicos. Si tenemos que ser políticamente correctos hablaríamos entonces de "defensa territorial" en lugar de guerras, de "energía" en lugar de contaminación, de "cambio climático" en lugar de calentamiento global, y de "sistema de salud" en lugar de la crisis de los opioides. ¿Por casualidad han escuchado hablar de las "Farmacéuticas" y de sus "enfermas" prácticas de negocios?

Ejemplo: La mayoría de los productos ecológicos o "amigables" con el ambiente son la respuesta a una tendencia comercial más que a una necesidad del hombre o del planeta. Los nuevos carros eléctricos son uno de esos tantos ejemplos.

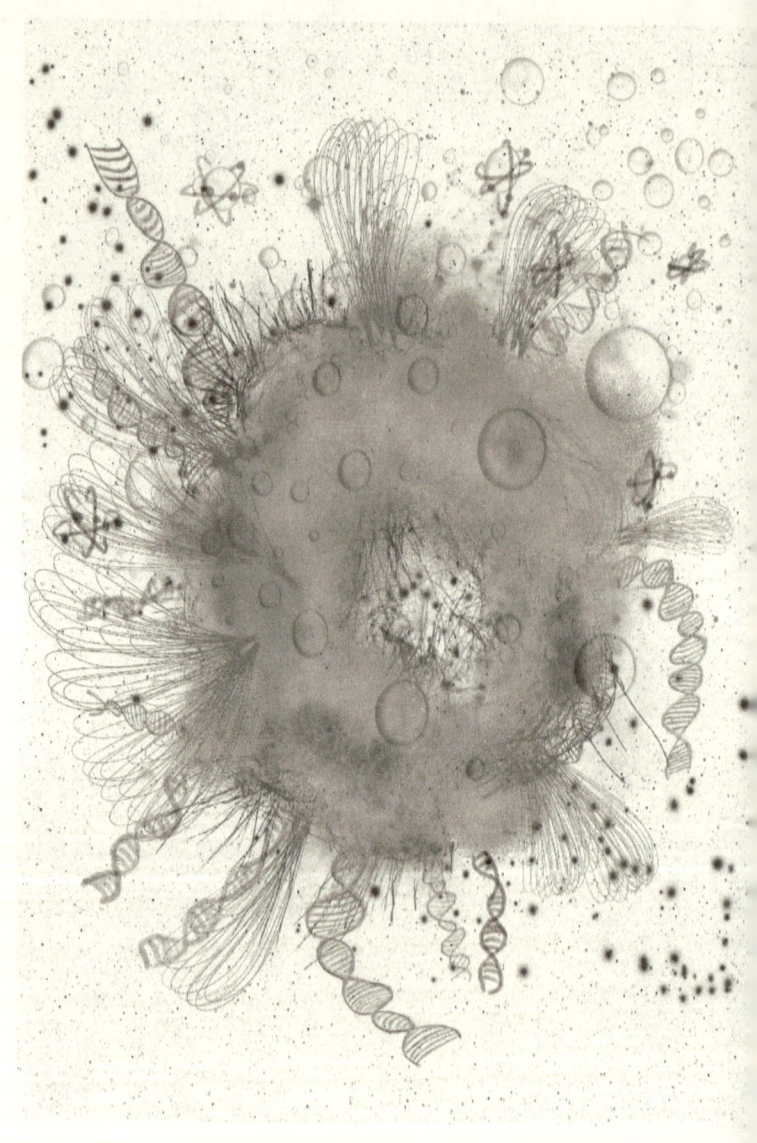

Universo y Nano-verso. ¿Estamos inmersos en una simetría expansiva, en una simetría contráctil o en ambas a la vez?

Microcosmos-Cosmos

Primer Hijo Pródigo

Pecados: Absolutez, Miopía y Monolingüismo

Muchos galenos honorables recitan el famoso juramento hipocrático como el regidor de su ética en la práctica médica. Un "juramento científico" hipotético y equivalente debería comenzar con la frase: "Siempre ando buscando, y aun ciego seguiré buscando ...".

De la misma manera en que se suele medir el tiempo, la ciencia insiste en buscarle límites al espacio. A regañadientes, se ha aceptado la noción del infinito y del universo en expansión, no sin antes ponerle una frontera. Del otro lado de la escala, las células, los átomos y las partículas son el horizonte a la vista.

Siempre es más fácil ver lo grande pero el hombre ha conseguido la manera de ver lo diminuto. Tanto los microscopios como los telescopios han estado entre nosotros por varios siglos y a medida que su resolución aumenta también aumenta el parecido entre lo que vemos en los laboratorios y lo que vemos en los observatorios. A pesar de ello, aún nos resistimos a aceptar la idea de que estamos inmersos en un continuum infinitesimal-infinito que es al mismo tiempo cada vez más grande y cada vez más chico. Tal como una edificación diseñada en forma de ladrillo, hecha con ladrillos más pequeños que a su vez están hechos de bloques de Lego; la presencia de un fractal, con su réplica interminable de patrones, que se constituye en una condición cuasi sine-qua-non de la realidad (cuasi se agrega para evitar el pecado de la absolutez). Una realidad fractal que existe, bien sea como consecuencia del azar, de un diseño premeditado o de la resolución de unas condiciones iniciales previas.

En esta realidad fractal coexisten las siguientes condiciones:

- Orden y equilibrio en todas sus formas.
- Atractores extraños y caos.
- Singularidades dispersas que resultan en vida, inteligencia y ciencia.
- Vida como un fractal que se reproduce de forma fractal.
- Vida fractal con eventuales reproducciones no fractales que son a su vez experimentales y riesgosas (mutaciones).
- Reproducción fractal que conlleva al comportamiento fractal que llamamos instintos.

En la medida en que el microcosmos y el cosmos sean considerados como dos sumas localizadas de realidades desconectadas, el andar de la ciencia en su arrogante búsqueda de esa bola de cristal llamada "ley universal" se asemeja a la construcción de un complicado puente que une dos mundos distintos. En ese sentido nos preguntamos: ¿Cuál es la gran diferencia entre átomos y sistemas planetarios? ¿Cuál es la diferencia entre moléculas y galaxias? ¿No son acaso nuestros cuerpos vivientes universos en expansión? ¿No son nuestros cadáveres fríos universos que colapsan?

Da la impresión de que la ciencia, nacida en el centro espacial y temporal de la cristiandad, arrastra las limitaciones intelectuales impuestas por el Génesis y el Apocalipsis en su concepción del universo. Las cosas pudieron haber sido distintas si la ciencia nos hubiera llegado desde el budismo, religión en la que la vida y el universo se entienden como flujos permanentes, sin tiempo, sin comienzo y sin fin.

El horizonte de nuestra visión o el horizonte de nuestra imaginación no puede ser el horizonte de lo que es.

Fractal. En geometría y matemáticas, un fractal es una figura que muestra el mismo patrón a escalas cada vez menores. Este fenómeno es también llamado auto-similitud o simetría expandida. El universo y la naturaleza muestran con frecuencia comportamiento fractal: a) en los sistemas planetarios y átomos, b) en el crecimiento cancerígeno y las invasiones del hombre y c) en la repetición del comportamiento instintivo.

Brócoli Romanesco. Esta inflorescencia comestible cultivada desde hace siglos en Italia constituye uno de los fractales visualmente más llamativos de la naturaleza.

Acerca de la lucha entre ciencia y religión

Aquila non capit muscas es un viejo proverbio latino que se traduce como "Águila no caza moscas". Tanto en tiempos antiguos como en tiempos modernos, águilas y leones han adornado banderas y escudos de reyes y emperadores. Por el contrario, jamás hemos visto moscas como parte de esos regios diseños. Aquila non capit muscas sugiere lo siguiente: No se debe perder tiempo y esfuerzo en cosas de un grado más bajo que el propio.

La creatividad es una cruda y muy imperfecta consecuencia de la evolución humana. De ella han nacido hermosos retoños, pero también grandes monstruos: las Cruzadas Católicas, el 11 de septiembre islámico, el genocidio de Rohingya de la mano de los "pacíficos" budistas y miles de masacres por todo el mundo (e1). Todas son pesadillas producto de tal creatividad religiosa. La lista de locuras y creaciones malévolas es interminable y prueban de manera categórica la afirmación hecha por Einstein en relación con el tamaño infinito de la estupidez humana.

Gracias a dos poderosas condiciones, como son su duda metódica y su progresivo alejamiento del hombre y de lo humano, la ciencia ha logrado, a manera de cambio paradigmático y en muy poco tiempo (500 años), sacar del juego tanto a la filosofía, retórica y alucinada, como a la religión. De paso se ha convertido en una singularidad universal con poderes inimaginables e impredecibles dentro del espectro de la realidad.

La ciencia tiene que dejar de enfrentarse a la religión y, por el contrario, invertir todo ese tiempo valioso en hacer ciencia. Muy a menudo vemos académicos prominentes asistiendo a foros para defender posiciones científicas en contra de exaltados y ofendidos defensores de la fe. Resulta entretenido ver en esos encuentros a calmados y decentes científicos como Richard Dawkins (2) o al recordado Stephen Hawking, pero al mismo tiempo parece que se incurriera en una descomunal pérdida de tiempo. Si el objetivo "científico" de la asistencia a esos debates es la conversión de los "creyentes" y hacerlos hombres de ciencia o si es simplemente la recuperación de la cordura de los presentes, ese ejercicio también resulta en una pérdida de tiempo. Con su vasta, sobrecogedora e irrefutable evidencia, la ciencia está avanzando rápidamente como un nuevo credo, o, mejor dicho, como un nuevo "dudo". Sin proponérselo y en piloto automático, muy pronto encabezará la lista de las creencias, para tristeza de tele-evangelistas y terroristas.

Si por algún motivo, nuestras celebridades del mundo de la ciencia no pueden declinar la invitación a esos foros y si el estrellato no se les ha subido a las cabezas, les sugerimos que acepten la invitación y que asistan, pero cobrando una buena suma (nunca ad honoren) y que luego donen lo recibido a Wikipedia o a otra loable iniciativa similar.

Por cierto, nunca se ven tales debates en las universidades o en los medios de Rusia o de China. Muy probablemente ellos andan en cosas más significativas.

La Evolución: otra religión.

Evolución

Segundo Hijo Pródigo

Pecados: Miopía, Estancamiento y Estrellato

Con todo respeto a Charles Darwin.

E n alguna parte del viejo mundo, entre 700 y 400 siglos atrás, nuestra creatividad tachó de su lista de cosas pendientes a los adornos corporales y a los primeros signos de religiones y dioses (3) (e2).

La iglesia católica se sintió golpeada y condenó a Galileo Galilei a arresto domiciliario de por vida cuando apoyó a Copérnico y a su propuesta herética que colocaba al sol como centro de nuestro sistema planetario. La teoría de la evolución, una idea de por más razonable y evidente, también propinó un fuerte golpe a la "verdad" religiosa de ese entonces. En ambos casos, tales posiciones científicas fueron actos de valentía por los cuales la humanidad siempre estará agradecida; y ambos, Galilei y Darwin se convirtieron en héroes de la ciencia. (Sin embargo, es justo decir que, como lo decía Erasmo de Rotterdam, "en el país de los ciegos el tuerto es el rey" y en medio de la oscuridad impuesta por la religión, sobresaldrán siempre aquellos con valor y cordura).

Desde 1859 la evolución se ha convertido en una nueva iglesia, un poco más creíble y con Charles Darwin en el papel de Dios. Con la misma fuerza de un credo y en completa sumisión, sus seguidores recitan la teoría y la han elevado a nivel de "escritura".

La palabra evolución existe en muchos lenguajes y puede ser usada en miles de contextos. Quizás por esa razón y por esa simpleza, la propuesta darwiniana, sin quererlo, trajo a la biología, a la antropología y a la paleontología, el mismo tipo de oscuridad que otros credos han impuesto sobre fieles religiosos durante tantos siglos. El Dios bíblico nos prohíbe cuestionar la manzana de Adán y los siete días que le tomó crear el mundo, pero la ciencia nos debe explicar por qué la evolución se transformó en el techo inquebrantable para darle explicación a las fantásticas formas que cobra la vida sobre el planeta. En un acto de fe, aceptamos este milagro de la naturaleza con tal simplista, opaca y sombría interpretación. Como si, después de romper las cadenas de la religión, no fuera obvio que hemos evolucionado a través del tiempo; que los hombres, los chimpancés y los gorilas están emparentados, al igual que las ostras, los mejillones y las almejas; o que el Equus que acompaña a los caballos, a las cebras y a los asnos es mucho más que una simple discreción taxonómica.

La gran ley universal de la gravedad de Newton fue sucedida por la teoría general de la relatividad de Einstein. Por el contrario, la teoría de Darwin, que ciertamente debió ser una brillante pero temporal contribución a la ciencia y el comienzo de un festín para la misma, ya cumple 150 años y sigue. Con gran éxito, el naturalista inglés rescató al "origen de las especies" del previo absurdo de la creación divina. Pero hoy la evolución parece

16

ensombrecer o filtrar miles de hermosas historias y personajes detrás de ella. Bajo el manto de Darwin la vida parece una colorida obra actuada en tenues luces o tras bastidores.

Sin curiosidad, olvidando y desafiando abiertamente la duda metódica, la ciencia ha abrazado a esta teoría en estado de contemplación.

Los casos de estancamiento y miopía en la ciencia son abundantes. Lo que en un principio fueron ideas brillantes y esperanzadoras, hoy, muchos años después, permanecen inmutables y demuestran la presencia de fuerzas que ralentizan el progreso como una inútil y enorme carga. La evolución es el caso más patético.

¿Existe algo más que decir acerca de la evolución? Avancemos y busquemos lo que hay detrás de ella.

Acerca de los Soldados desconocidos de la Ciencia y el Amigo Secreto

Charles Darwin fue un soldado de la ciencia. No sabemos de las motivaciones interiores de sus esfuerzos. Lo que sí podemos ver desde la distancia es que desde 1831 atravesó los peligros de varios océanos en un barco de velas, durante cinco años. Sin interrupción dedicó más de cincuenta años a la biología y a la geología. Publicó más de veinticinco libros y trabajos, el último de ellos pocos meses antes de su muerte. Se especula que la falla cardíaca que le causó la muerte fue consecuencia de un crónico mal de Chagas que contrajo durante su famoso viaje a bordo del "Beagle". En esos años, dado el tamaño de la comunidad científica, su increíble trabajo y su maravilloso espíritu no podían pasar desapercibidos. Y así fue.

Hoy en día, los reconocimientos científicos son otorgados a otra clase de espíritus. Las publicaciones siguen siendo las vitrinas de los logros y aún se requiere de un alto grado de pasión, amor y esfuerzo. Pero la virtud más importante de las celebridades científicas de las últimas décadas no es ninguna de las anteriores; la habilidad fundamental es la capacidad de ser un "buen gerente de conocimiento". El financiamiento, el reclutamiento, la promoción y el cabildeo o "lobbying" son ahora parte importante de la ecuación. (No por esto dejamos de agradecer los resultados de esta nueva estrategia en el ensanchamiento del saber).

Pero los laboratorios y los campos de experimentación están llenos de soldados desconocidos de la ciencia. En medio del estrés de estos tiempos y a menudo ante el desdén de la sociedad y de sus familiares, muchas de estas vidas se dedican a hacer el bien a través de la ciencia. Y casi siempre pasan desapercibidos.

En esta línea de ideas, sería bueno celebrar anualmente el "reconocimiento al soldado desconocido de la ciencia", elegido secretamente entre colegas y basado en la dedicación, humildad, cooperación, respeto y amor por la ciencia. Cada doctor de

Médicos Sin Fronteras, la ONG internacional humanitaria de servicios médicos, automáticamente recibiría el premio; quizás el mismo día en que se celebre el casual y decembrino "amigo secreto".

La Velocidad de la Luz

Tercer Hijo Pródigo

Pecados: Absolutez, Estancamiento, Arrogancia y Estrellato

Con todo respeto al Dr. Albert Einstein.

S egún la ciencia, no hay nada más veloz que la luz; y además de veloz tal velocidad es constante.

Cuando James Bond corre encima de algún vagón de tren, su velocidad (con respecto a la Tierra) es la suma de la velocidad del tren más la velocidad del espía con respecto al tren. Pero esto no sucede así para el caso de algún haz de luz que salga de alguna luminaria montada sobre el mismo tren. La ciencia ha determinado que la velocidad de tal rayo siempre será la misma, no importa si el tren se mueve o está parado en la estación.

La idea de la fija velocidad de la luz ha ayudado a resolver muchas preguntas de la física de la misma manera en que las leyes de Newton y su gravedad resolvieron otras en el pasado. (4). Para el momento de escribir estas líneas, los atributos de máxima y fija velocidad de la luz están siendo cuestionados. ¿Perderán en el futuro su relevancia estas dos poderosas ideas? Probablemente sí.

Pero lo que se quiere resaltar en esta ocasión es la temeridad que significa asignar la condición de "absoluto" a cualquier hallazgo o entendimiento, después de cinco siglos de construcción y reconstrucción científica y después de haber quedado demostrado, una y otra vez, que el cambio, la relatividad y la evolución del conocimiento son la regla. Sabemos demasiado poco y, sin embargo, lo absoluto y la ley siguen siendo el santo cáliz de muchos personajes de la ciencia. Otra fuerza oscura. El espejismo de la absolutez debe ser evitado y en su lugar la ciencia debería abrazar la paradoja del entendimiento: mientras más descubrimos, más preguntas nos hacemos y menos sabemos.

La inigualable e inalterable velocidad de la luz tiene otros hermanos también pecadores, vestidos con ropas de "ley" o de "principio". La gravitación es un ejemplo notable que no solo es "ley" sino también "universal". La termodinámica tiene cuatro leyes que prefieren comenzar con la numero cero. Newton, Coulomb, Gauss, Heisenberg y Hubble han mostrado su paternidad responsable y han agregado su nombre a sus hallazgos, lo que parece suficientemente justo. Pero el problema no es el apellido sino el intento de perpetrar su linaje.

La absolutez alcanza su forma más pura en el Principio de Incertidumbre de Heisenberg, haciéndose a sí mismo, de forma graciosa y paradójica, absolutamente incierto.

Acerca de Albert Einstein

Pongámoslo de otra manera: el doctor Albert Einstein, por sí sólo, quizás haya salvado al hombre de su autodestrucción. Nos entregó un puente "espacio-tiempo" a través de sus ecuaciones y otro puente unidimensional hacia el futuro, como atajo necesario dentro de la carrera del conocimiento. Solo un mago disfrazado de físico pudo haber armado tal truco. Ya han pasado 100 años y aún no salimos del asombro. Su relatividad continúa siendo, por mucho, el más grande logro de la creatividad humana. Ojalá que alguien esté trabajando hoy en un nuevo truco. Quizás provenga del oriente, como los tres reyes magos, pero con menos fanfarria. Quizás su bata blanca diga: Dr. I.A. Lenovo, Estado Sólido.

La próxima generación de genios. Quizás el último genio de carne y hueso sea aquel que diseñe el algoritmo de autoaprendizaje computacional que habilite la gestación de los futuros genios artificiales. Los futuristas temen que estas creaciones terminen siendo singularidades tecnológicas malévolas pero la bondad también es una característica de los hombres. Ojalá predomine esta última.

La Inteligencia

Pecados: Arrogancia, Miopía, Monolingüismo, y
Estancamiento

Inteligencia Galáctica

De acuerdo con nuestra propia "humana" definición, la inteligencia es la habilidad de adquirir y utilizar conocimientos y destrezas.

Antes de empezar a escribir esta sección del libro apoyábamos ciegamente la paradoja de Fermi (5) que sugiere lo siguiente: si existieran en el universo seres más inteligentes que el hombre, ya se hubieran hecho sentir en la Tierra.

Tras recapacitar, creemos que esa paradoja es un ejemplo más de la arrogancia científica que hemos advertido desde el principio del libro. Lo planteado por Fermi presume que cualquier forma de vida inteligente habría de evolucionar y comportarse como nuestra especie. Pero la inteligencia y la vida bien podrían presentarse de maneras muy distintas. Veamos algunos ejemplos:

- Una forma de vida equivalente a una singularidad tecnológica que respira (6) y que puede vivir millones de años sin necesidad de replicación. En lugar de venir en persona podría estar enviando sondas exploratorias bajo un plan de destinos jerarquizados. (Singularidad tecnológica es el término utilizado por algunos futuristas para describir a una forma de inteligencia artificial que se retroalimenta, aumentando así su conocimiento de manera exponencial y disruptiva y que puede llegar a ser altamente peligrosa).

- Mini-Inteligencia Galáctica que pudo haber llegado a la Tierra hace millones de años. De ser cierto, pudiésemos especular que, en un futuro, durante excavaciones mineras o perforaciones petroleras, consigamos entre los fósiles usuales otros objetos en forma de pequeños satélites que vinieron del espacio. Pudiésemos también especular que los visitantes, después de haber hecho el reconocimiento terráqueo correspondiente, hayan enviado de vuelta el mensaje: "La Tierra es MUY ABURRIDA, muy similar a Alfa-Centauro. Se recomienda revisar de nuevo dentro de algunos millones de años".

- Otros tipos de vidas e inteligencias que ocurren a la velocidad de la luz en períodos de tiempo que no nos son discernibles. (No confundir esta idea con la del Dr. Craig Venter que habla de las vidas humanas expuestas y sucediendo a la velocidad de la luz en el marco de la tecnología genética).

- Quizás la vida sobre la Tierra es la expresión de otro tipo de colonización que comenzó hace muchos años, como parte de un plan para crear una atmósfera que albergaría futuros huéspedes con metabolismo de plantas. Si ese fuera el caso, la humanidad estaría sirviendo tal propósito de manera ejemplar con su aparentemente loca y contaminante emisión de CO_2.

Temiendo una invasión y una devastación alienígena de la Tierra, algunos científicos como Stephen Hawking han objetado la revelación de las coordenadas galácticas de la humanidad, que ha sido hecha a través de mensajes especiales en algunas sondas de la NASA que han llegado más allá del sistema solar. ¡Cada ladrón juzga por su condición! Sin embargo, creemos poder afirmar que la invasión y la colonización del universo son consecuencias inevitables y casi exclusivas de nuestra especie, en contraposición de la simple y benigna exploración del espacio que otras entidades hayan podido llevar a cabo; pareciera que los hombres somos los únicos seres avanzados con intenciones de crecer y colonizar. Y en este caso, si avanzamos más rápido que nuestra autodestrucción, próximamente estaremos llegando a otros reinos inteligentes.

Esta presunción de ser nosotros los primeros en la ruta de la conquista o la invasión del espacio, en coincidencia con la paradoja de Fermi, se soporta no solo en la aparente ausencia de evidencia alienígena por estos lados del universo sino también en la revisión probabilística del proceso de avance de la humanidad. Este avance requiere de la existencia de la curva exponencial de aprendizaje en la que ya estamos inmersos, similar a la singularidad tecnológica artificial descrita en un párrafo anterior (e3).

El análisis sugiere que la inteligencia por sí sola no rompe los equilibrios de la naturaleza. Esto ha sido demostrado por la coexistencia inocua, junto al Homo Sapiens, de otras especies inteligentes que habitan en nuestro planeta. La creatividad y la abstracción permitieron al hombre dominar la cadena alimenticia a través de la domesticación y la agricultura, pero el progreso de nuestra especie había mostrado, hasta hace pocos siglos, un comportamiento asintótico; en otras palabras, el avance era lento.

Los avances en biología, física y química se desbordaron únicamente después de que la ciencia moderna se superpuso a nuestra inteligencia, a nuestra creatividad y a nuestra capacidad de abstracción. Ha quedado demostrado a lo largo de la historia que nuestra débil especie está plagada de desperfectos y que, debido en gran parte a su capacidad autodestructiva, nuestra astucia no hubiera sido suficiente para conquistar el espacio.

La inteligencia ha tenido como prerrequisito la vida y la vida requirió de la Tierra y sus condiciones. El conocimiento necesario para viajar a otras galaxias, en nuestro caso, requiere entonces de una cuarta condición dentro de un sistema singular concéntrico o simultaneo. Ese sistema es el conjunto:

Planeta Tierra > Vida > Inteligencia > Ciencia Moderna

Y sí, nuestro planeta, la vida, la inteligencia y la ciencia son también singularidades, como veremos al final de este capítulo.

La existencia de una inteligencia galáctica similar o superior a la del hombre es una muy remota posibilidad si nos basamos en la paradoja de Fermi y en el sistema cuádruple de singularidades. Pero solo el tiempo nos lo dirá.

Nano-Inteligencia

De la manera en que la conocemos, la vida requiere de una singularidad similar a la de la Tierra para que ella ocurra. La calidad de infinito que posee el universo predice que esas condiciones especiales o singularidad puede suceder miles o millones de veces dentro de los "límites" del espacio sideral. En esta clásica aproximación, se deja totalmente por fuera la posibilidad de que existan "nano-realidades". Si un análisis estadístico sugiere la alta probabilidad de que existan vida e inteligencia más allá de nuestro sistema solar, entonces, por esas mismísimas razones, es muy probable que otras formas de vida inteligente existan sobre la Tierra, donde todas esas condiciones singulares ya se cumplen. Esas otras formas de vida, probablemente anteriores a la nuestra, puede que sean los pioneros nano-fabricantes de las máquinas en estado líquido que conocemos con el nombre de plantas y animales. Esos nano-fabricantes quizás comenzaron a trabajar muchos antes, durante esos millones de años de aparente Tierra sin vida. Y a lo mejor sigan actualmente trabajando junto a nosotros, o, mejor dicho, dentro de nosotros.

Dentro de cada ser viviente conocido pareciera existir una inteligencia interior propia. Toda célula es testamento y testigo del trabajo de esos formidables constructores de robots a base de agua que, en comparación, hacen palidecer a nuestras máquinas de estado sólido.

En el lado afortunado, como muestra de su trabajo, vemos las complejidades del ADN y su doble hélice en forma de montaña rusa; vemos la forma perfecta de los glóbulos rojos en su trabajo sangriento de acarreo de O_2 y los detalles de nuestro sistema pulmonar de ventilación. Particularmente simple y a la vez asombroso resulta ver la corrección tipo software que hace nuestro cerebro de las imágenes invertidas sobre la retina ocular para traducirlas y darnos visión "natural".

En el lado oscuro vemos el cáncer constructor de tumores y a los virus. Curiosamente, mientras el cáncer es considerado un ente inteligente, quizás los virus sean entonces una suerte de inteligencia menor, basándonos en la afirmación de científicos que definen a los virus como "organismos al borde de la vida" (7). ¿Serán los virus acaso vida artificial o inteligencia artificial? Sus simétricas y peculiares figuras nos hacen pensar en armas letales de fabricación, muy parecidas a nuestras armas de estado sólido. (Existe una increíble similitud entre la forma de algunos virus y la de las minas navales submarinas utilizadas durante la Segunda Guerra Mundial).

Todas estas maravillas ocurren en la naturaleza, pero, a pesar de ello, no son patrones naturales; por el contrario, se asemejan más a diseños sofisticados e inteligentes que deberían tener una explicación más profunda y una mejor consideración que la oscuridad abismal otorgada por la simplista teoría de la evolución y el absurdo creacionismo.

Para esta nano-inteligencia, quizás en camino a la conquista del universo, nosotros no seamos los pilotos sino las naves. Cargados de instintos e inteligencia como un paquete de software, los animales serían máquinas en estado líquido con la capacidad de aprender; y dentro de ese grupo los humanos poseeríamos, por casualidad o por diseño, la más reciente versión de inteligencia artificial. En este caso no se podría descartar que nuestro progreso sea un fractal producto de un sistema singular séptuple:

Planeta Tierra >Nano-vida >Nano-inteligencia >
Nanociencia >Vida > Inteligencia > Ciencia

Como un caso más de arrogancia y miopía científica, manifestaciones de inteligencia superior pasan desapercibidas cuando no provienen de algo que se parezca al hombre y solo las imaginamos con grandes ojos negros y alienígenos. Pero en lo pequeño es probable que ya existan diminutas inteligencias; no debería importar el tamaño. La evidencia es sobrecogedora, pero preferimos hacernos de la vista gorda, de la misma manera en que hemos sido ciegos para lo obvio en el pasado, no solo por nuestros pecados científicos sino también por una actitud temerosa ante el Creador.

Aún tenemos la oportunidad de recuperar el tiempo perdido. Ya sea por curiosidad o por simple entretenimiento, debemos aproximarnos a la microbiología, a la física cuántica y la ciencia de lo pequeño con ojos bien abiertos y con la misma locura con la que Einstein observó el gran universo.

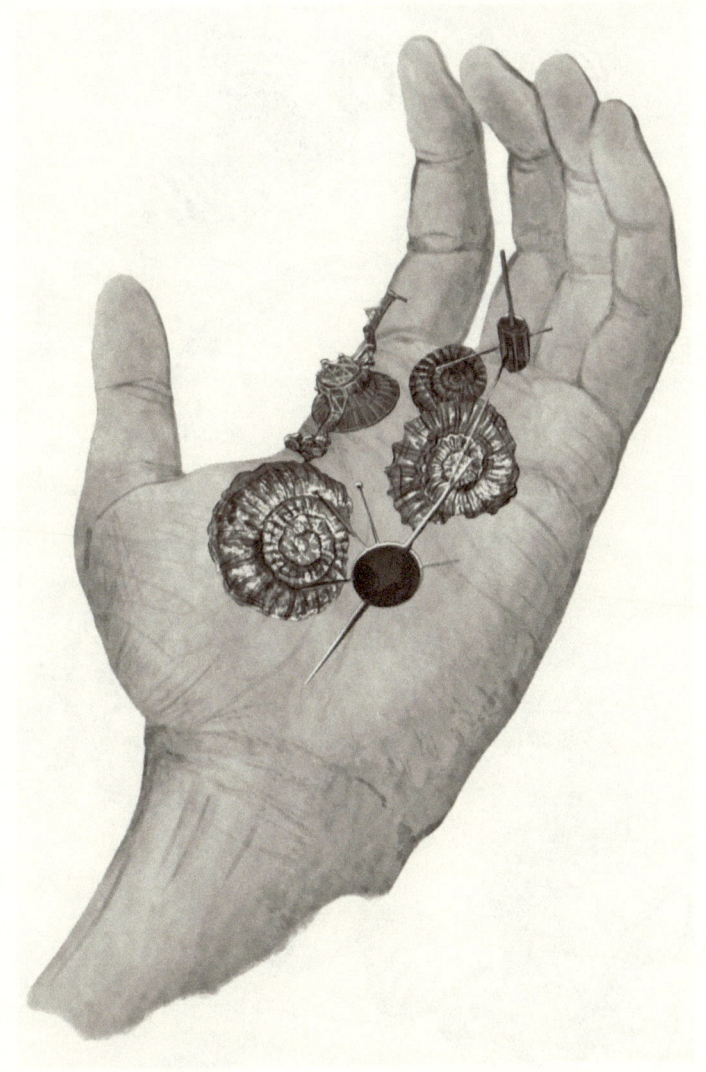

Inteligencia Extraterrestre. En la eternidad implícita de los billones de años del universo, probablemente nuestro planeta ya fue visitado en el pasado por inteligencias galácticas. Es poco probable que ellos hayan venido a construir las simples pirámides de Egipto. Por el contrario, es más probable que la evidencia de su presencia haya sido cubierta por millones de años de sedimentación terrestre, junto con varios de nuestros fósiles.

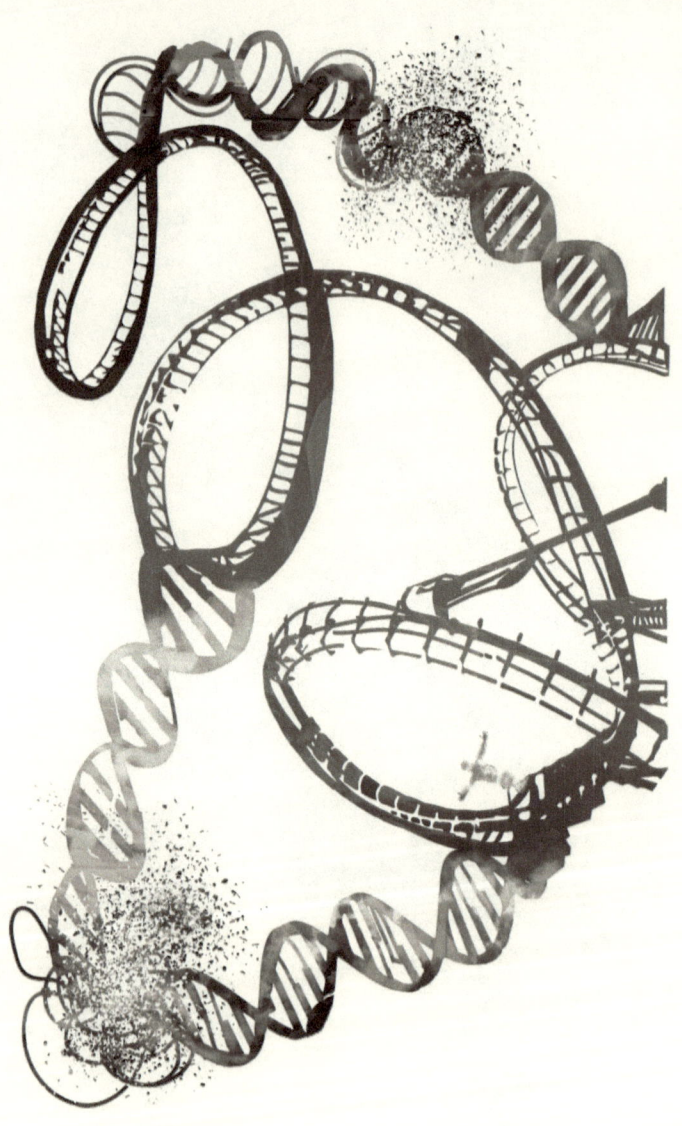

ADN, Diseño Creativo 501. Desde los planetas hasta los átomos, pasando por las células, las esferas suaves parecen ser el patrón preferido del universo y de la naturaleza. Más que un patrón natural, la intrincada geometría de las moléculas de ADN parece ser una creación inteligente similar a nuestras entretenidas montañas rusas.

El acarreo de Oxígeno. La forma casi toroidal de los glóbulos rojos recuerda a la de un neumático diseñado por el hombre. La función de aquellos es llevar oxígeno a través de pequeños capilares en forma rápida y en gran cantidad. Los modelos matemáticos tanto de transferencia de O_2 como de flexibilidad y conformidad geométrica concluyen que la geometría de los glóbulos es ideal para tal fin. ¿Se trata esto entonces de mutaciones evolutivas casuales o de un diseño inteligente?

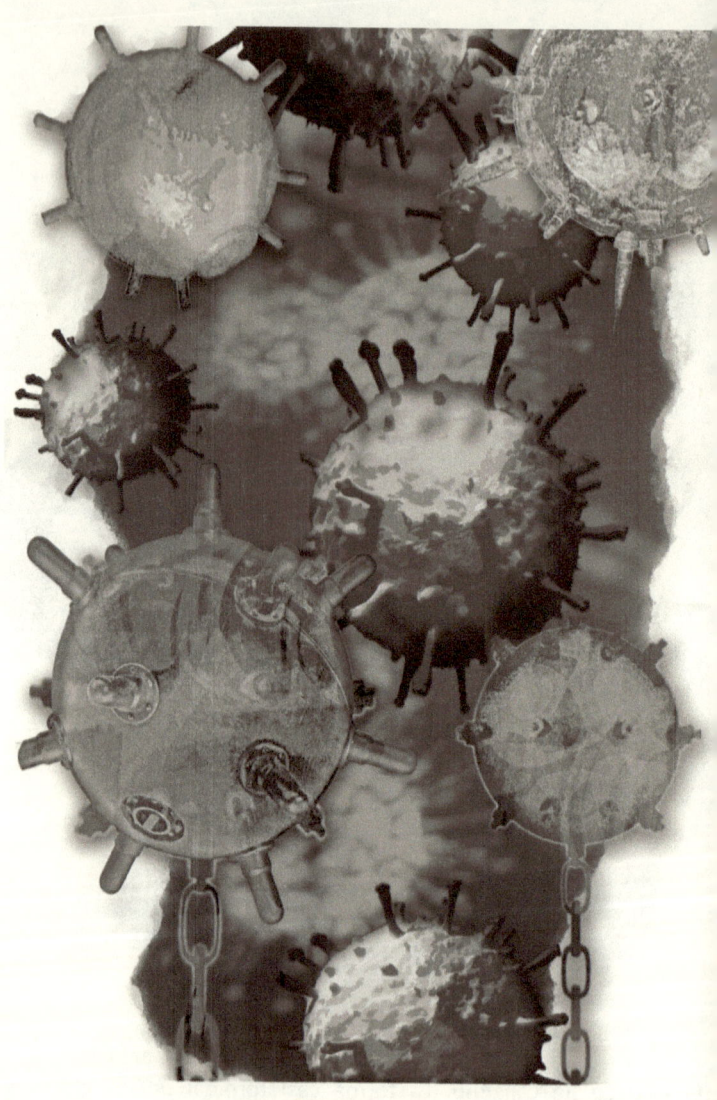

¿Armas Biológicas del siglo XX? El hombre pretende acreditarse la invención de las diabólicas armas biológicas. Los virus, que en muchos casos parecen réplicas de las minas submarinas usadas en las guerras mundiales, han estado presentes en la naturaleza por millones de años. ¿Quiénes son entonces los primeros diseñadores? ¿Son las nuevas cepas de la influenza mutaciones o versiones actualizadas del diseño original?

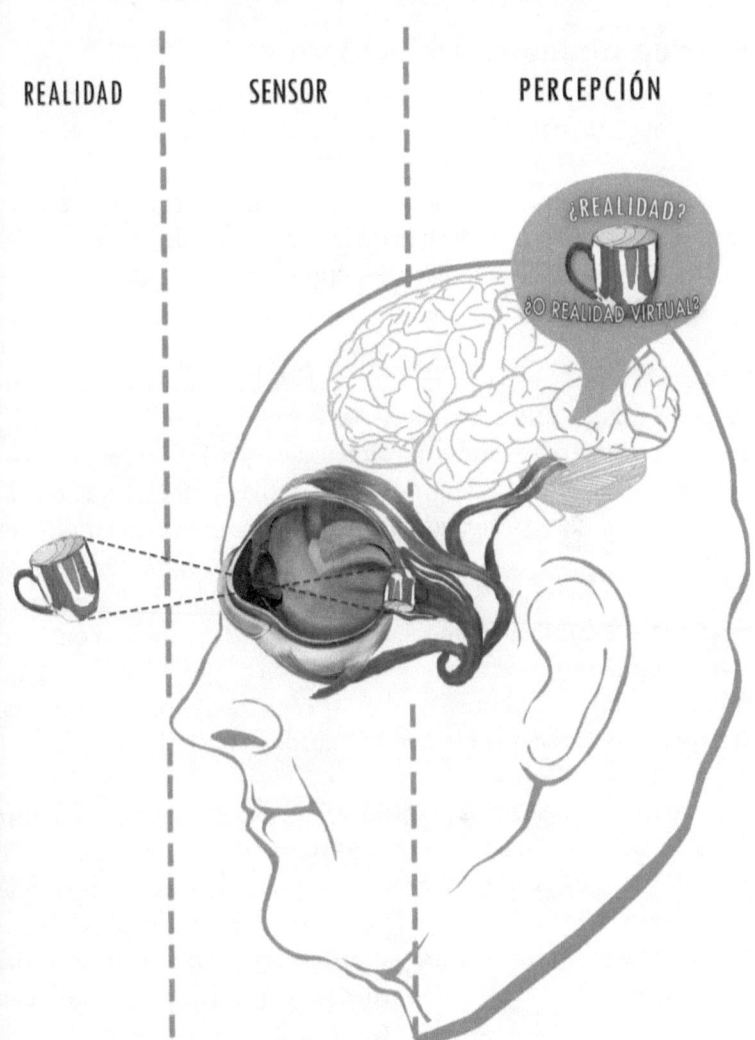

REALIDAD | SENSOR | PERCEPCIÓN

¿REALIDAD?
¿O REALIDAD VIRTUAL?

PhotoShop. En el proceso de la visión, la realidad visual es invertida físicamente por el lente ocular generando sobre la retina una impresión "patas arriba". Sin la mediación de ningún otro elemento óptico, nuestro cerebro es capaz de revertir con precisión la distorsión y darnos la percepción de visión natural como si se usara el comando de imagen-espejo en un editor de imágenes digitales. ¿Cómo pudo llegar la evolución darwiniana a tal perfección?

Acerca de las singularidades

A pesar de su gran poder de representación, las matemáticas son una camisa de fuerza para la ciencia.

Para explicar el concepto de singularidad, la ciencia suele recurrir a expresiones matemáticas que dan infinito cuando son evaluadas en el valor de dicha singularidad, como es el caso de la función $1/x$ evaluada en $x = 0$.

Dentro del tejido espacio-tiempo de Einstein, la astrofísica y sus modelos matemáticos predicen la existencia de singularidades donde la gravedad es infinita (agujeros negros). Pero el universo es mucho más que masa, gravedad, estrellas y planetas y, por lo tanto, unicidades y rarezas se pueden presentar de múltiples formas.

En otras palabras, una singularidad puede describirse como un comportamiento extraño y disruptivo que ocurre bajo circunstancias o coordenadas peculiares, resaltando tal disrupción como la propiedad definitoria del estado singular.

Por ejemplo, podemos considerar a la Tierra como una singularidad que sucede en un punto especial de un modelo de nuestro sistema solar mucho más complejo que el simple espacio-tiempo gravitacional. Este modelo debería predecir, para las coordenadas terráqueas, la disruptiva y maravillosa vida. Recordemos algunas de las coordenadas astrofísicas de este caso:

- La particular distancia del Sol a la Tierra que de lo contrario nos congelaría o nos fundiría.
- Los polos magnéticos de la Tierra.
- La atmósfera que nos protege de la radiación solar y de las colisiones de asteroides.
- El especial enlace del hidrógeno del agua que hace que ésta flote al congelarse en vez de hundirse.
- La rotación de la Tierra y su dinámica periódica.

- El eje inclinado de rotación de la Tierra que agrega al sistema algunas frecuencias naturales en forma de estaciones, mareas y otros ciclos.

(En relación al último punto de la lista, algunos procesos vitales de la naturaleza parecieran ser frecuencias naturales, en resonancia, de este único y vibrante sistema llamado Tierra).

Resulta matemáticamente imposible recrear un modelo físico tan complejo de la Tierra, pero la vida resultante y su comportamiento disruptivo ejemplifican la existencia de algo muy "singular".

Como se dijo con anterioridad, otras singularidades sistémicas están encajadas sobre la Tierra, con la humanidad sumergida en el medio. Este conjunto de singularidades comprende:

- La Tierra (biósfera), una singularidad capaz de generar esa dinámica infinita llamada vida.
- La vida, capaz de generar la inteligencia y sus consecuencias disruptivas.
- La inteligencia, capaz de generar infinitas realidades a través de los pensamientos y la conciencia, incluyendo a la ciencia.
- La ciencia, capaz de generar progreso infinito y disruptivo.

Desde una posición determinística, la idea numérica de "infinito" se amolda bien a las matemáticas y a los simplificados modelos derivables a través de ella. La "disrupción", por el contrario, pareciera ser la característica fundamental de las singularidades cuando se utilicen otras plataformas de representación de la realidad aún por descubrir.

Si pensamos que ya es muy tarde o muy difícil para que el hombre aprenda nuevos lenguajes científicos distintos a las matemáticas, quizás sea tiempo de utilizar inteligencia artificial y máquinas autodidactas para tal fin. Probablemente, en ese proceso, comencemos a entender a la naturaleza y al universo con una visión más clara y alejada de la versión mal traducida que hoy leemos.

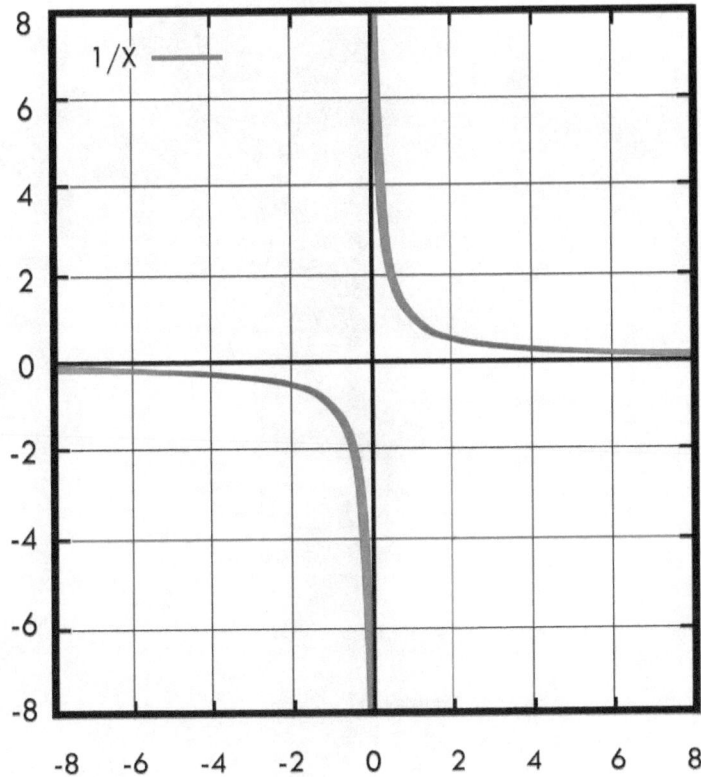

Singularidad Simple. La función 1/X constituye una de las formas más sencillas de explicar matemáticamente el concepto de singularidad. Esta función, a pesar de mostrar un comportamiento "normal" en el resto del dominio, desarrolla un comportamiento "singular" y disruptivo alrededor del valor x = 0 en el que la respuesta tiende a +/- ∞

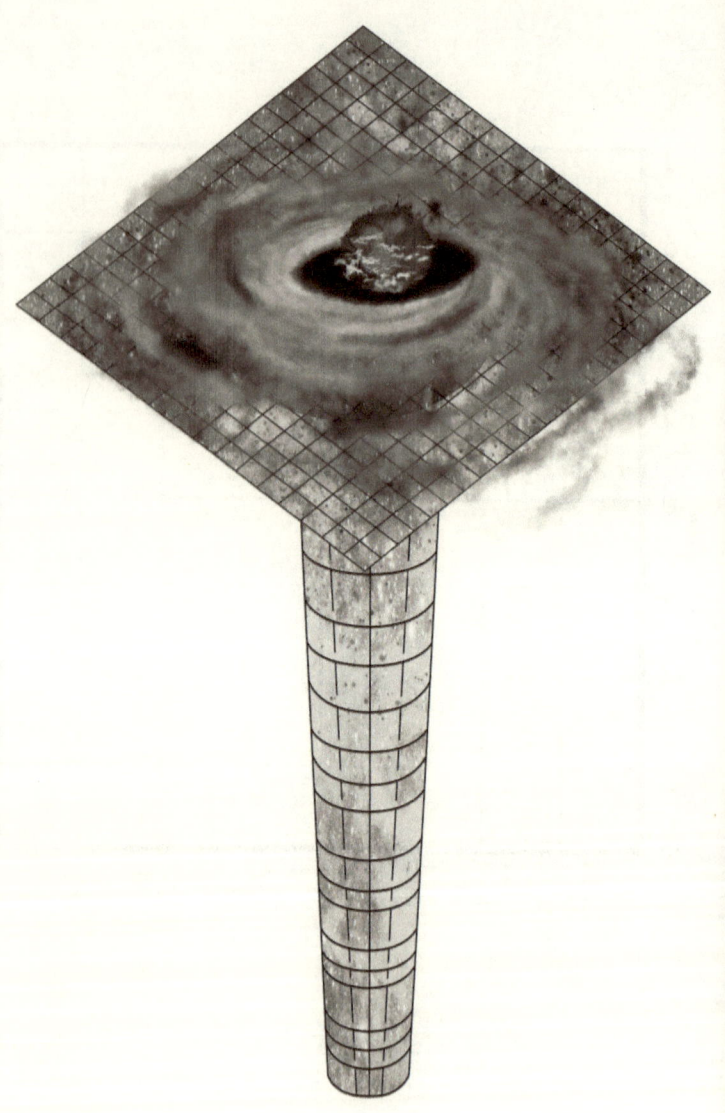

La Tierra Singular. Hasta la fecha, ningún modelo astrofísico o de cualquier otra naturaleza predice a la Tierra como una singularidad del espacio. ¿Pero nos cabe aún alguna duda al respecto?

El Big Bang

Quinto Hijo Pródigo

Pecados: Absolutez, Estancamiento, Estrellato y Miopía

Con todo respeto a A. Friedmann, G. Lemaitre, E. Hubble, S. Hawking, G. Ellis, y a todos los padres del Big Bang.

L a vida es una de las cosas más escasas del universo. Pudiésemos pensarla como algo eterno si consideráramos que ya ha estado presente sobre el planeta por millones de años. Pero paradójicamente solo contemplamos la temporalidad de sus miembros en medio de nuestra fijación con comienzos y finales.

En la actualidad, según la ciencia, hasta el propio universo infinito tiene una frontera. Y por supuesto, también tiene un inicio: el Big Bang (8).

41

El hechizo del Big Bang es tan vasto que algunos religiosos y creyentes están buscando terreno común con esta teoría, y pretenden apropiarse de la misma con el objetivo de distraer la locura de las escrituras bíblicas. Para colmo de males, el Big Bang se ha definido como un "modelo cosmogónico" y convive ahora junto al Génesis y al creacionismo. Esto último es una consecuencia natural de esa aura cuasi divina que recibirá cualquier concepción del universo que delimite, en el tiempo, su existencia y la compare a la concepción genético-apocalíptica del mundo.

Los modelos físicos de Hubble, Hawking y otros explican de manera convincente la dinámica dentro de esta sección del espacio-tiempo en la que nos ha tocado existir. Pero a pesar de que somos capaces de abstraernos hasta la visualización de números negativos y de números imaginarios, cuando lidiamos con el Big Bang nos quedamos felizmente estancados en la idea del tiempo cero y del comienzo de todo lo que es. ¿Por qué? La idea sobre la gran explosión y el universo en expansión, inicialmente bosquejada por A. Friedmann y G. Lemaitre, pasó de ser un hito importante en el entendimiento del universo a ser el destino para la devoción perenne y para el júbilo de las congregaciones científicas. Han pasado casi 100 años desde que Hubble describió por primera vez las bases de esta teoría y, sin embargo, su "modelo cosmológico" está más sólido que nunca.

La reciente teoría del "universo ecpirótico" sugiere que "el Big Bang fue en realidad un gran rebote; una transición desde una época previa de contracción a la época presente de expansión... el universo rebota a intervalos regulares" (9). Pero las leyes de Newton se desplomaron, Einstein se está desplomando, Hawking se desplomará y el "universo ecpirótico" se desplomará y se tendrá que desplomar en el camino hacia la "sagrada" ley universal. Una ley universal que muy probablemente no exista o que solo sea transitoria porque así parece ser la naturaleza de todas las cosas y de toda existencia. La repetición, para todo, de la verdad de Lavoisier: "nada se crea, nada se pierde, todo se transforma".

La celebración de lo nuevo y de lo brillante es perfectamente entendible. Pero el camino a la verdad es una escalera y no podemos hacer de cada escalón una meta. La búsqueda del conocimiento se ha transformado en una carrera contra reloj. Además de los problemas que ya nos hemos inventado, quizás tengamos que enfrentar otros retos en el futuro. Mientras tanto, para reiniciar esta interminable búsqueda y por el bien de nuestra supervivencia, digamos: "El Big Bang pasó por aquí. Que pase el siguiente".

Acerca de Stephen Hawking

Ninguno de los pecados atribuidos al Big Bang, en esta sección, fueron cometidos por el Dr. Stephen Hawking. Dichos pecados están siendo cometidos por la ciencia en su buena intención de ser el regidor de nuestras creencias. No fue culpa del Dr. Hawking que Hollywood decidiera contarnos su épica historia. No fue culpa suya que la comunidad científica se atascara en el tiempo cero. Podemos o no estar de acuerdo con las ideas de Dr. Hawking sobre el universo, pero él es, sin lugar a duda, el Nelson Mandela o el Beethoven de la ciencia. Una oda a la dignidad y al propósito. Muchos abandonan la carrera con muchísimo menos de lo que él tuvo que llevar. Aun sin voz sonó más fuerte que la mayoría y desafió el tiempo cuando nos parecieron siglos los años que pasó junto a nosotros en su silla cibernética para la simpatía de todos.

La UNESAB, el consejo científico asesor de las Naciones Unidas, debería pronto establecer el Premio Internacional Stephen Hawking como el más alto honor a la dedicación en la carrera científica

El Cáncer

Sexto Hijo Pródigo

Pecados: Arrogancia, Miopía y Sumisión

Con todo respeto a los investigadores sobre el cáncer y con todo irrespeto a las farmacéuticas.

La medicina, como ciencia y como práctica profesional, incurre a veces en algunos pecados. Tres de ellos son cometidos por galenos e investigadores cuando tratan con la fatal enfermedad que titula este capítulo. La cura del cáncer continúa siendo elusiva, en gran medida por nuestra arrogancia al pensar que nosotros somos más inteligentes que la enfermedad y que, al final, el hombre podrá doblegarla.

La ciencia "combate" enfermedades para "vencerlas". Con las vacunas, la medicina engaña y domestica los virus o aumenta nuestras defensas para resistir y pelear contra esos intrusos. Lo mismo sucede con las bacterias.

Sin embargo, las estadísticas muestran que solo podemos vencer al cáncer después de una larga batalla y si lo detectamos en etapas tempranas a través de tecnologías avanzadas. Hoy en día, los oncólogos entienden que hay que tomar el cáncer por sorpresa y aislarlo antes de proceder a la remoción quirúrgica. En cualquier otra circunstancia, esta enfermedad tiene la última palabra. No hay empates al final del partido y casi siempre perdemos la batalla. ¿Por qué? Es muy simple: el cáncer es muy astuto. Su inteligencia nadie la cuestiona y, por el contrario, es ampliamente aceptada entre la mayoría de los investigadores en el tema (e4). Y si nos basamos en los resultados, quizás sea más inteligente que el hombre.

Esa inteligencia incuestionada y avara quizás también tenga antenas o sensores equivalentes a lo que son nuestros sentidos. A lo mejor es una criatura razonable. Es posible que escuche y que vea. Quizás sienta placer, tenga objetivos y sueños y también pueda hacer tratos. En otras palabras, el cáncer parece prestar atención a sus alrededores.

Con el objeto de evitar dañar a esta fiesta de la vida y continuar de manera simple esa relación de odio-odio que siempre se da con el cáncer, probablemente sea conveniente hacer contacto con él, sentarse a hablar y llegar a un acuerdo. Desde esta loca y poco ortodoxa aproximación a la oncología, se proponen entonces dos maneras de convivir (no de vencer) con el diabólico huésped.

La Conexión

Las sondas Pioneer, Voyager y New Horizons han sido enviadas al espacio por la NASA durante los últimos cuarenta años. Entre otras tareas, esas misiones han sido mensajeros interestelares pasando mensajes humanos desde la Tierra hacia el más allá. Al igual que los mensajes que intercambiamos en las aplicaciones de chat en nuestros teléfonos inteligentes, esos mensajes han llevado archivos anexos de distintos tipos: placas de texto, imágenes digitales y videograbaciones entre otros. Aun a sabiendas de que pueden existir problemas de comunicación, tenemos la esperanza de alcanzar receptores inteligentes instalados más allá de nuestro sistema solar y capaces de entender nuestro mensaje.

El hombre es el "más allá" del cáncer. No importa si somos el subproducto de una singularidad doble o sencilla. Cualquiera sea el caso, nosotros somos los anfitriones de la fiesta. Nosotros suministramos el transporte, la comida, las bebidas, el salón de fiestas, el maestro de ceremonias e inclusive el entretenimiento. Resulta irónico y triste que, en la naturaleza, nada replique mejor el comportamiento humano que el cáncer.

Si el hombre puede enviar mensajes al espacio a través de sondas, ¿por qué no se envían sondas con mensajes codificados al microcosmos de nuestros cuerpos? En voz alta y clara deberíamos tratar de hacer llegar al cáncer un mensaje que equivalga a decir: "POR FAVOR DETEN TU CRECIMIENTO, hagamos un trato, compartamos información y conocimiento".

El cáncer y el hombre son criaturas del mismo infierno, particularmente cuando se trata de esa maldición llamada crecimiento. Dadas tantas similitudes, como si ambas psiques fueran imágenes espectrales, nuestros académicos y nuestros investigadores de la lingüística podrían fácilmente determinar la mentalidad de nuestro huésped y entonces convertir el mensaje del párrafo anterior en jeroglíficos apropiados. Una vez diseñado el mensaje, este último se enviaría a través de nuestras venas y arterias, como en una campaña de mercadeo agresiva o "sangrienta" en la que pancartas "circulatorias" serían distribuidas y presentadas.

En lugar de quimioterapia, radioterapia o cirugía se usaría terapia de nano-comunicación.

Equipos de nano-biotecnólogos diseñarían el sistema de comunicación. Además de letras usaríamos estructuras moleculares, arreglos cromáticos, colisión de partículas, cambios de fase, gradientes de presión y de temperatura. Se utilizarían simultáneamente varios sistemas de escritura, de estructuras numéricas y de lenguajes de programación. El concepto médico de "amplio espectro" sería, en este caso, "un mismo mensaje en varios lenguajes". Por lo tanto, se podrían incluir textos alfabéticos, collages fotográficos, estructuras binarias, Java y C++ y muchos más.

Como archivo adjunto también se podrían enviar algunas explicaciones básicas, al estilo de tarjeta Hallmark. No estaría demás transmitir elocuentes expresiones como:

- "Compartimos esta vida y moriremos juntos..."
- "Si dejas de crecer podríamos vivir hasta 100 años..."
- "No seas egoísta, tu victoria es la derrota de todos..."
- "Me estás matando...".

El tratamiento de seguimiento puede incluir algunos "recordatorios".

El Resort Tropical

Las batallas contra el cáncer son casi siempre "hasta que la muerte nos una". No hay posibilidad de coexistencia pacífica.

En los casos en que el cáncer haya alcanzado estadios avanzados, quizás no sea suficiente una conversación razonable como la propuesta en la sección anterior. Probablemente sea mejor hacer control de daños.

El cáncer continuaría creciendo, pero en lugar de permitir su propagación impredecible y la puesta en riesgo de órganos vitales, como estrategia distinta podríamos recurrir a un tratamiento que aproveche las debilidades de los poderosos, específicamente, abundancia y placer. Es tarea de los laboratorios determinar qué significa esto último en términos cancerígenos pero después de analizar sus orígenes y destinos preferidos (pulmón colon, senos, próstata) y a través de la experimentación, lograríamos descubrir mecanismos y sustancias de seducción como temperaturas ideales, irrigación sanguínea controlada o alimentos y bebidas preferidas; todo con un único objetivo: crear en nuestros cuerpos centros de esparcimiento lujurioso o paraísos metastásicos que se convertirían en el destino preferido y la residencia permanente para hospedar el crecimiento celular maligno, sin poner en peligro la supervivencia del enfermo anfitrión.

A continuación, presentamos algunos ejemplos:

- Un ambiente subcutáneo controlado, alrededor de nuestro abdomen, lleno de delicias gastronómicas para nuestro glotón invitado. Nosotros pagaríamos el precio de vernos extraños y fuera de forma, pero seguiríamos vivos.
- El sacrificio de órganos no vitales como el bazo y el apéndice, que serían remplazados y consumidos por tumores.
- Zonas de reclamación externas o exo-órganos, construidos, para la recreación del cáncer, con carne artificial y vasos sanguíneos, en un ambiente de código genético neutro y pacífico.

En otras palabras, si no puedes vencer al cáncer, invítale a convivir contigo.

Acerca de las farmacéuticas y la Organización Mundial para la Salud

Como ya sabemos, el cáncer es una amenaza para todos los seres del planeta.

Según las estadísticas presentadas en la página web de la Organización Mundial de la Salud (OMS), el cáncer mató a casi diez millones de personas en el año 2018. Esa cantidad es mayor que la población de 145 países, de un total de 223. (https://www.who.int/cancer/en/).

Como si el número de fatalidades no fuera suficiente, junto a la cantidad de muertes y con la misma relevancia, la página reporta un estimado anual de 1.6 trillones de USD en costos asociados a la enfermedad durante el año 2010.

Es vergonzoso y triste saber que, ni siquiera para la OMS, nuestras vidas no estén por encima de nuestra nueva religión, la economía. Nosotros no tenemos la menor idea de cómo leer tan "asombrosa" cifra de dinero y mucho menos como llegaron a "tan importante" estimación. Aparentemente, quien quiera que haya diseñado el contenido de esta página nunca ha perdido un ser querido afectado por la terrible enfermedad. Y cuando revisamos el menú lateral de la misma sección, con gráficos más sofisticados, la página hace referencia a tópicos como "Programas nacionales para el control del cáncer", "Prevención", "Muestreo y detección temprana", "Tratamiento", "Cuidados paliativos" y "Perfiles del cáncer por país". En la lista falta un elemento notable: por ninguna parte aparece "Investigación y desarrollo".

No es de extrañar entonces que, igual que antes y después de cientos de años de padecimiento, cada vez que aparece el cáncer se vive una tragedia. Nosotros reconocemos la gran inteligencia del maligno visitante, pero al mismo tiempo el poco progreso es desconcertante.

En cualquier circunstancia resulta alarmante y alucinante que hasta el día de hoy la OMS no haya puesto en marcha una iniciativa global en forma de "Proyecto Mundial para la Cura del Cáncer", que entre otras cosas tenga las siguientes características:

- Cinco líneas de trabajo independientes.
- Una red mundial integrada por universidades, hospitales y centros de investigación.
- Consejo de directivos galardonados con premios Nobel.
- ¡Y 100% financiado por las Naciones Unidas!

Tenemos la sospecha de que la oscura y no tan invisible mano del mercado está jugando con los hilos de la ciencia como si fuera una marioneta. Desconocemos quiénes están detrás de este caso tan insultante de esclavitud y de sumisión científica, pero seguramente haya millones de dólares corriendo tras bastidores en forma de coimas o "lobbying" para acabar con cualquier esfuerzo en dirección hacia un programa sin fines de lucro dedicado a encontrar, de una vez por todas, la cura del cáncer.

¿Y qué hay de las farmacéuticas? Debemos anticipar que muchos pacientes elegirán la muerte antes que pagar el precio que las diabólicas corporaciones le pondrán al envase del medicamento que cure el cáncer.

Contaminación y Calentamiento Global

Los Gemelos Pródigos

Pecados: Sumisión, Arrogancia y Miopía

E adentrándonos en Tierra Firme por jardines, fallamos homes que el su natural es volar, como los pájaros. E los hay homes arbóreos, que florecen e frutecen e comen de sus propias semillas... E por horror de la maravilla, matámoslos todos.
(Luis Britto García, Abrapalabra, Viaje por las Indias)

L a naturaleza está llena de maravillas. Quizás demasiadas para el entendimiento del hombre. El epígrafe de este capítulo hace referencia al relato de las cosas increíbles que se atravesaron al paso de un conquistador español al llegar a América. Deslumbrado por lo que vio, su reacción fue acabar con todo.

Parece ser parte del instinto humano arrasar las bellezas que le rodean, pero supongamos por un momento que el calentamiento global es una farsa. Digamos que la Tierra aun es capaz de lidiar, por sí sola, con la deforestación, la contaminación, los desperdicios humanos y las emisiones de CO_2. Digamos que el calentamiento global es un fenómeno que ocurre de manera natural y cíclica; que el incremento de la temperatura y del nivel del mar ocurrirá de cualquier forma y que quizás el oso polar sea, tras su esperada e inconsecuente extinción, la nueva muestra a exhibir en todos los museos de historia natural del mundo, junto a los dinosaurios.

Si el calentamiento global es hoy una teoría conspirativa, muy pronto dejará de serlo. Si aún no alcanzamos el punto de no retorno, el mismo no está muy lejos.

En una espiral infinita, la colonización de la superficie terrestre por parte del hombre genera devastación y la devastación de la Tierra genera la necesidad de colonizar el universo. Y no se requiere de ningún análisis especial para notar que la velocidad de la destrucción es mayor que la velocidad de la generación de conocimiento que permitirá colocar colonias humanas sustentables más allá de nuestro planeta.

Todos sabemos que la contaminación y el calentamiento global son señales de cercanía a los estados terminales de la enfermedad sociológica conocida como consumismo. Sabemos que el hambre, la falta de oxígeno y la falta de agua son las siguientes consecuencias. Como resultado, la teoría de la evolución será reescrita. Ya no será más la supervivencia del más adaptable sino la supervivencia del más pequeño o del "comedor" eficiente. Ser pequeño y obeso será el nuevo símbolo de atracción sexual y todos se burlarán de los capitanes de equipos de fútbol por sus cuerpos de alto mantenimiento.

La estupidez y la malicia están de nuevo en campaña para alejarnos del necesario cambio conductual que evite el horrible y predecible final. Ingenuamente ponemos toda nuestra fe en la ciencia y en su poder sanador sin entender que la tarea de tratar de conseguir una solución científica para la contaminación y el calentamiento global es una distracción costosísima que no evitará el terrible desenlace; ello sería lo mismo que tratar una grave enfermedad con placebos y calmantes cuando lo que se requiere es una operación quirúrgica mayor.

A menos de que queramos resolver con tecnología genética las grandes deficiencias conductuales de nuestra especie, no existe una solución científica para LA CONTAMINACIÓN Y EL CALENTAMIENTO GLOBAL porque estos últimos NO SON PROBLEMAS CIENTÍFICOS. Ambos son problemas del comportamiento humano, resumidos en las expresiones "consumismo" y "crecimiento económico". Si queremos salvar el planeta, el crecimiento económico tiene que ser controlado y eventualmente detenido. Paralelamente, la reducción de la desigualdad y la eliminación de condiciones laborales cercanas a la esclavitud deberían ser las metas y el camino para contrarrestar la actual tendencia destructiva.

En medio del consumismo y del crecimiento económico, la mayoría de la población del mundo está condenada a seguir contaminando. De manera contradictoria, los vehículos eléctricos, los paneles solares y la comida orgánica están solo a la mano de los pocos que pueden pagar sus altos precios. Y casi siempre la eficiencia y el reciclaje son tan solo parte de propuestas de mercadeo sin un compromiso sincero a favor de una solución a esta gran amenaza que cuelga sobre nuestro planeta. Resulta desconcertante que la Tierra tiene abundantes recursos energéticos renovables, pero, según su majestad la economía, no son suficientemente económicos y, por lo tanto, seguimos obligados a vivir nuestras vidas contaminadoras basadas en combustibles fósiles.

Tierra arrasada. Enormes casas inteligentes, automóviles eléctricos, luminarias solares y botellas plásticas reciclables conformarán el paisaje desolado de la Tierra muerta. Los que más "crecieron" partirán en sus cohetes para expandir el frenesí consumista en otras coordenadas galácticas.

Tierra Sostenible. No hay planeta suficiente para todos nuestros avaros deseos. El respeto y el agradecimiento al planeta son imprescindibles. Así lo han entendido siempre los indígenas que vivieron de la Tierra, tal y como lo decía el jefe Seattle en su famosa carta de 1854 (e5). No importa si la carta era genuina o apócrifa.

Eco funeral. Solo nuestras memorias son nuestras. Regresemos a la Tierra
los elementos que temporalmente nos prestó (e6).

Acerca de la pseudociencia llamada "economía"

La economía no es una ciencia. Todas sus formas o versiones terminan siendo otra religión terrorista y dos de sus mandamientos son la competencia y el crecimiento. No existe ningún resultado predecible de ninguna de sus pseudo-leyes. La única ley no-universal aplicable a ella es la segunda ley de Newton, Fuerza = masa x aceleración. Todo lo demás es una compilación de frases rimbombantes, especulaciones y sofismas. Es muy famoso el dicho de que los economistas gastan seis meses del año prediciendo el futuro económico y otros seis meses explicando porque fallaron sus predicciones.

En la locura de tal pseudociencia, el agua, la comida, la salud y la educación son pesadas cargas para el sistema socioeconómico, en lugar de ser el punto de partida de una sociedad natural y justa. Algunas economías occidentales inclusive se atreven a tener el concepto y la formulación de una tasa "óptima" de desempleo, distinta a cero, para la cual los costos de labor son bajos, dentro de un "sano" escenario de oferta y demanda. Solo los efectos de una fuerte droga pueden hacer que parezca tener sentido y sea creíble un concepto tan inhumano como este. En consecuencia, no importa sentenciar a algunos "inútiles" al exilio laboral; todo por el bien de su majestad la economía. ¡El mundo está patas-arriba!

Al mejor estilo de las religiones y las escrituras, la economía tiene dioses de cabello blanco como Adam Smith y Karl Marx; tiene espíritus como la mano invisible del mercado; tiene decálogos y manifiestos capitalistas y comunistas; tiene demonios proletarios y corporativos; tiene la globalización como si fuera las cruzadas; los mercados emergentes como las colonias del nuevo mundo. La competencia y el crecimiento son virtudes teologales.

Al igual que las religiones cristianas, los sacerdotes de la economía tienen que cambiar las historias para adecuarse a los nuevos tiempos. Las iglesias del lejano oeste piden proteccionismo y MAGA (MAGA es el lema de Donald Trump traducido como "Hagamos de Nuevo Grande a los EE. UU.). El lejano oriente pide globalización y mercados abiertos. Y algunos "expertos" se excitan recitando la parábola de "La gran crisis del estiércol de 1894" (10), que predijo, equivocadamente, que la ciudad de Londres se cubriría de excremento equino por los tantos caballos que había en la ciudad inglesa. La profecía no se hizo realidad debido a la aparición de los vehículos a motor.

El cuento de los excrementos parece ser una nueva versión de la paradoja de Aquiles y la Tortuga que recordamos a continuación para quienes la olvidaron o no la conocen: la paradoja sugiere que, en una carrera, inicialmente separados por una distancia de 100 metros, Aquiles, quien es diez veces más rápido que la tortuga, nunca alcanzará al lento animal con el que compite. La explicación dada para tal afirmación es que cuando Aquiles recorre los primeros 100 metros, la tortuga habrá avanzado 10 metros; luego, cuando Aquiles recorra los siguientes diez metros, la tortuga habrá recorrido un metro y de esta forma la tortuga, de manera contraintuitiva, siempre se mantendrá en la delantera.

La economía y la política, utilizando trucos de palabra similares, aseguran que la tecnología y la ciencia siempre estarán allí para alejar al hombre de sus propios monstruos y mantenerlo en la delantera, como la tortuga de la paradoja.

Hoy continuamos mirando hacia atrás, como si el monstruo Aquiles fuera la amenaza. No nos damos cuenta, quizás de manera intencional, que el verdadero problema está en la rápida culminación del camino y el abismo que está después de este; la literal culminación del camino que significan la deforestación, el colapso de las fuentes de agua, la erosión costera, las inundaciones y la erosión ártica. En esta terrible y actual realidad no habría necesidad de una guerra nuclear.

Es poco probable que el hombre esté listo para asentarse masivamente fuera de la Tierra en los próximos dos siglos. Además, una biósfera saludable y activa, oxígeno libre, suelo arable y agua dulce no son productos espaciales abundantes a la espera de cerrar un trato con la Tierra y empezar el envío.

Al final, unas pocas docenas de astronautas llegarán a Urano, a Neptuno o a otro acuoso cuerpo celestial. Algunos elegidos podrán establecer colonias lejos de la Tierra, pero para la mayoría de nosotros, nuestra herencia está destinada a morir junto con el planeta. Los Elon Musk y los Jeff Bezos del momento tendrán un cómodo asiento de primera clase y una habitación de lujo esperando por ellos en esos remotos destinos mientras que aquí, por las noches, nos peleamos para abrazar los pocos árboles que queden con la esperanza de recargar nuestras baterías de oxígeno.

Y aún nos falta seriamente traer a la discusión el resto de las especies y al planeta mismo de manera de lograr una sostenibilidad verdadera que no sea el resultado de la necesidad de darle acomodo a nuestros pecados y a nuestros deseos; una sostenibilidad que sea más bien el producto de nuestro respeto y reconocimiento de los derechos que tienen todas las formas de vida. Muy pocas naciones, como Bolivia y Ecuador, han dado pasos legales e incluyen dentro de sus constituciones artículos y leyes para la protección y preservación de la Madre Tierra o Pachamama como ellos la denominan. El profundo y clarificador documento "Los derechos de la Naturaleza y de la Madre Tierra, Leyes para un cambio sistemático", editado por Shannon Biggs, Tom B.K. Goldtooth, y Osprey Orielle, podría utilizarse como punto de partida para futuras reformas constitucionales en lo referente al medio ambiente (e7).

La locura de tener cada vez más y la obsesión con el dinero son ejemplos perfectos de nuestra gula y nuestra avaricia, tal como lo cuenta la tradición cristiana. Si tan sólo pudiésemos cambiar el crecimiento, la posesión y lo grande por la trascendencia, las ideas y lo pequeño. No existe en el universo un planeta donde quepa lo primero. Para lo último solo se necesitan unos cuantos gigabytes del infinito universo electromagnético: un pequeño pendrive con nuestro código genético, nuestras fotos, nuestras canciones y nuestras recetas de cocina.

Acerca de China

La hegemonía occidental de EE. UU. y Europa está dando paso a la hegemonía del oriente. La estrella del proceso es la China con su esfuerzo sincronizado y monolítico, con su "diabólica" maquinaria comunista y sus cerebros enchufados, al mejor estilo de la película Matrix.

Para los que opinen distinto, se trae a colación a la democrática, capitalista, religiosa y tropical India: la misma computadora con diferente sistema operativo. Y se mencionan aquí a las pequeñas latitudes porque las zonas tropicales del planeta son reinos que sobreviven sin la necesidad de planificar; esto es una tremenda desventaja cultural en un mundo tan premeditado. En las regiones tropicales del mundo, en la franja terráquea +/- 23.43674°, todos sus habitantes lo toman con calma, con múltiples cosechas por año, abundantes mangos al alcance de la mano y muchas otras bondades de la naturaleza. Allí la gente respira "hakuna-matata". Allí nunca escucharás la frase "El invierno se acerca".

China es una nación con un CPU de 1.3 millardos de personas y que además está protegido de "hacks" religiosos. Ambas características pueden ser al mismo tiempo virtud o amenaza. Hasta ahora, al contrario de occidente, su desarrollo no tiene aspiraciones de poder, pero, obviamente, la fuerza y la masa de su inmenso territorio y población no pueden aislarse ni pasar desapercibidas.

Ayudados por la ciencia y, según occidente, usando medios capitalistas de producción, la más grande y subestimada hazaña de la humanidad ocurre hoy allí: China ha sacado de la pobreza más de 800 millones de personas en los últimos cuarenta años.

Olvidemos el Sputnik, la llegada a la Luna, las semillas de Monsanto, el internet, las criptomonedas, la oveja Dolly y los trasplantes de corazón; nada es comparable a este callado y abrumador logro de la voluntad humana. Los supremacistas de siglos pasados invadieron territorios remotos y acabaron con los pobladores nativos, reemplazando e incrementando las poblaciones originales con nuevos asentamientos de invasores. China, por el contrario, ha escogido la convivencia pacífica y la política de "un hijo por familia" que ha regulado el crecimiento de su propia población mientras se trabaja en los medios para salir de la pobreza de manera efectiva.

Pero esta loable carrera ha transformado a la China en el país más contaminante del planeta, junto a los EE. UU. El "estilo de vida americano" es el desenmascarado villano en este último. El tamaño de su población es la razón en el caso de la China. Ante tal amenaza, se debe encontrar un balance moral entre el derecho a vivir hoy con dignidad y la posibilidad de infligir daños irreparables a la Tierra del futuro y a las vidas de los que han de venir.

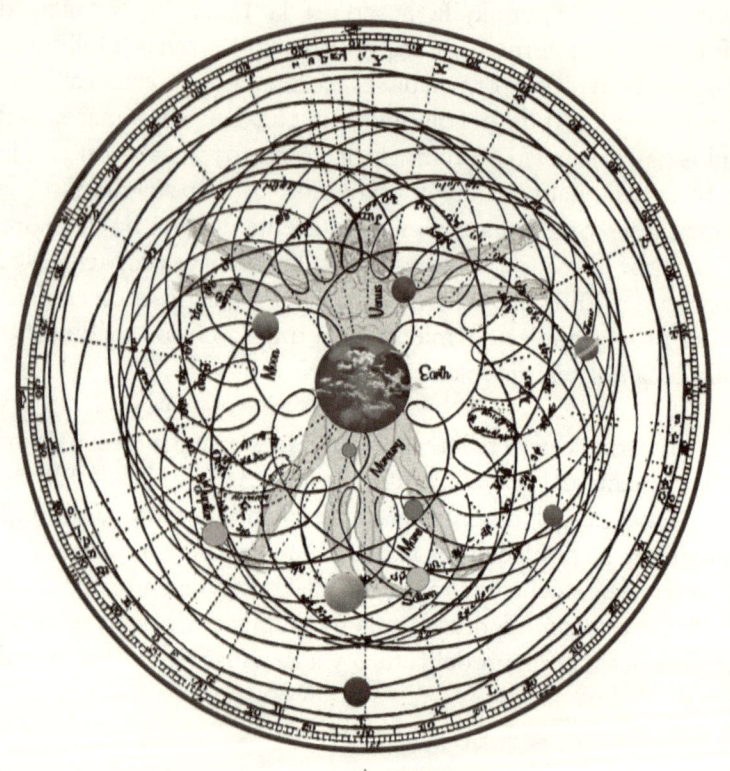

Realidad vs. Antropocentrismo. Cuando siglos atrás el simple movimiento elíptico de los planetas alrededor del sol se describía desde la perspectiva de la Tierra, los resultados eran las complicadas órbitas epicíclicas y el Mercurio retrogrado de los astrólogos. La arrogancia científica suele tener como consecuencia perspectivas y resultados confusos o equivocados, como en este caso, cuando se daba por sentado que la Tierra y el hombre eran el centro del universo.

Disléxicos, Olvidados e Inútiles

Los Disléxicos

Según el diccionario, la dislexia es un "desorden del aprendizaje manifiesto en la dificultad para leer debido a problemas en la identificación de sonidos hablados y la correlación de estos con letras y palabras (decodificación)".

El hombre alcanzó la madurez y la adultez científica usando un solo alfabeto y una sola lengua: el sistema decimal y las matemáticas. No sabemos leer, escribir ni hablar en ninguna otra lengua científica.

A veces parece que la ciencia trata de descifrar antiguos códigos escritos en árabe, pero utilizando la lengua china. El ejemplo clásico son los disparatados movimientos "epicíclicos" que, aparentemente, describían los planetas ante la equivocada concepción de que la Tierra era el centro del universo, cuando en realidad tales recorridos se dan en perfectas y simples órbitas elípticas. (Para poder describir numéricamente a los epiciclos la matemática tiene que recurrir al uso de complicadísimas series). A continuación, agregamos otros ejemplos.

El Cálculo

Pecados: Monolingüismo, Estancamiento, Miopía, y Absolutez.
Las cosas son lo que son y no la versión limitada o, por el contrario, complicada que nuestra imaginación es capaz de construir. Durante los años universitarios en las carreras de ciencia, tecnología, ingeniería y matemáticas (CTIM o STEM por sus siglas en inglés) suele crecer una admiración particular por el poderoso cálculo y sus convincentes resultados. Pero entonces y aun hoy, siempre resulta sospechosa una herramienta que comienza por forzar cualquier modelo físico a un conjunto de pequeñas líneas, rectángulos y cubos. Otro ejemplo son las Series de Fourier que, en su concepción y metodología, pretenden igualar conjuntos complicados de senos y cosenos a simples pulsos periódicos. Muchas de estas aproximaciones quizás hoy estén alejándonos de las realidades de la naturaleza y del universo.

Los irracionales π & e

Pecados: Monolingüismo, Estancamiento, Miopía, y Absolutez.
Ni en el vasto universo ni en el mundo microscópico, existen las medias estrellas, la fracción de un planeta o un tercio de célula o de electrón. A pesar de tan gran evidencia siempre hemos vivido alucinados por la "irracionalidad" de los números. El valor del omnipresente y glorioso π es el "irracional" y por tanto interminable 3.1415..., y la base del logaritmo natural es el "irracional" y no tan natural número de Euler 2.71828.... Como si este dúo irracional no fuera suficiente, aun hoy tenemos que lidiar, todos los días, con las inmanejables unidades imperiales. En este sentido y poniendo a un lado su herencia monolingüe, las pulgadas, los pies y los grados Fahrenheit son, sin lugar a duda, ejemplos perfectos de nuestra arrogancia científica.

La Cinta de Moebius

Esta interesante ilusión matemática solía ser una broma entre los estudiantes de ingeniería del primer año. Una cinta de Moebius hecha a mano (12) posee, física y visualmente, dos bordes y dos lados. Las matemáticas y nuestras mentes brillantes dicen algo

66

distinto y definen a esta figura como una "superficie" de un solo borde y de un solo lado. Siempre resulta interesante intentar construirla alguna vez (e8). Ella sirve para demostrar primero la manera como nuestra percepción deforma la realidad, así como las limitaciones de nuestros sentidos para describirla.

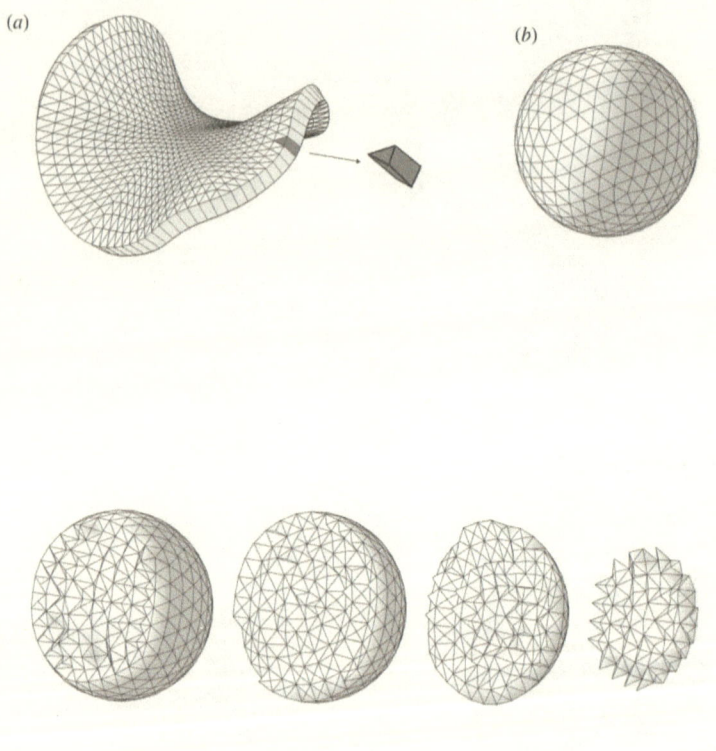

(a)

(b)

El Cálculo y los elementos finitos. Los elementos finitos son una simplificación matemáticamente conveniente que posibilitó la incorporación de las computadoras a la resolución de complicadas ecuaciones diferenciales. Sucede con frecuencia en la ciencia que la conveniencia termina remplazando a la verdad. Otros casos notables, similares al cálculo, son las series de Fourier y la teoría de la evolución. En el caso de esta última la conveniencia sigue vigente.

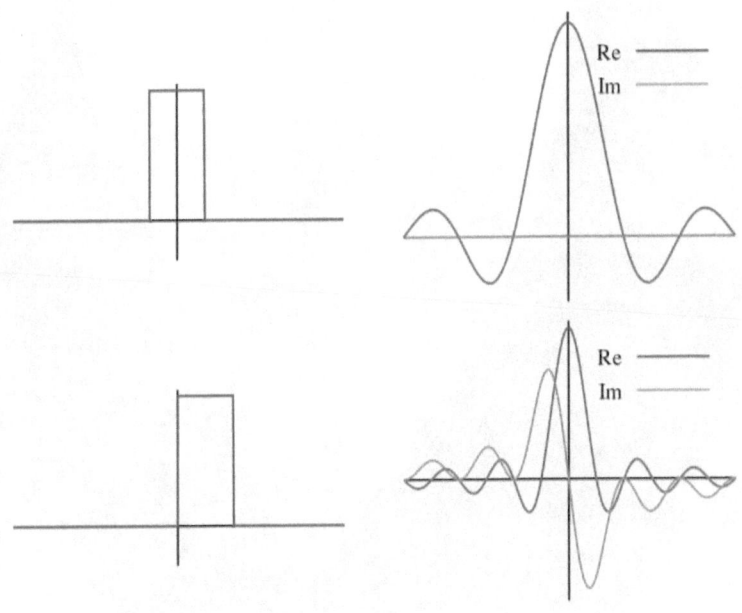

Las Series de Fourier. Jean-Baptiste Joseph Fourier demostró que todas las funciones periódicas pueden representarse como una suma ponderada de series de senos y de cosenos mejor conocidas como Series de Fourier. Habilitada por la electrónica moderna, tal conveniencia matemática ha dado paso al uso diseminado de la "transformada rápida de Fourier" o FFT. En esa conveniencia, las matemáticas sugieren que los pulsos que se ven a la izquierda y las sinusoides de la derecha son la misma cosa.

La Cinta de Moebius. ¿Se pueden recorrer "ambos" lados o "ambos" bordes de una cinta cerrada sin levantar el dedo de esta? Si se puede.

Las Transformadas de Lorentz

Para ilustrar la existencia de lenguajes no naturales traigamos a colación un ejemplo de lo contrario con una mirada rápida a la relatividad de Einstein.

El descubrimiento científico más importante de los últimos 100 años, por el Dr. Albert Einstein, está basado en las elegantes "Transformadas de Lorentz", que proveen ecuaciones para las dimensiones relativas x, x' y los tiempos relativos t, t', cuando se viaja a una velocidad v comparada con la velocidad de la luz c. Las transformadas de Lorentz son:

$$x' = \sqrt{1 - \frac{v^2}{c^2}}(x - vt) \quad ; \quad t' = \sqrt{1 - \frac{v^2}{c^2}}\left(t - \frac{vx}{c^2}\right);$$

A partir de estas expresiones, cualquier persona con básicos conocimientos de matemáticas puede extraer la esencia del revolucionario y poderoso principio, las famosas dilatación del tiempo y contracción del espacio, sin tener que llenar una pizarra con ecuaciones diferenciales no lineales o complicadas matrices. Las resultantes contracción de la longitud y dilatación del tiempo son:

$$L = L_o \sqrt{1 - \frac{v^2}{c^2}} \quad ; \quad \Delta t' = \frac{\Delta t}{\sqrt{1 - \frac{v^2}{c^2}}};$$

En este caso las matemáticas, a través de las transformadas de Lorentz, parecieran ser un lenguaje "natural" para la descripción de la relatividad de Einstein.

Igual que el ejemplo anterior, deben existir otros lenguajes más apropiados para la descripción de la realidad o de las múltiples realidades. Por un lado, el sencillo sistema binario de ceros y unos que constituye la base de nuestras representaciones computacionales, y por otro lado la inteligencia artificial, puede que estén más cerca de la verdad de lo que podamos imaginarnos.

Y no perdamos de vista a la computación cuántica. Muy probablemente la "ley universal" o la "teoría sobre todo" sean simplemente un traductor multilingüe de los muchos idiomas naturales que existen para la interpretación de la vida y del universo.

Y quizás sea conveniente erradicar los conceptos de "universal" y de "ley" del diccionario de la ciencia. Debemos aprender a vivir con la idea de que todo nuevo entendimiento, dentro del espíritu de la duda metódica, es tan sólo un pequeño paso en una carrera que no tiene línea de meta.

Los Olvidados

El hombre parece haber olvidado algunas encrucijadas fundamentales de la ciencia, de la misma manera en la que se olvida y se arroja una manta sobre un mueble viejo en un sótano polvoriento: parece haber la presencia de "otra cosa" y entonces miramos para otro lado y salimos corriendo asustados.

No nos atrevemos a usar nuestras mentes inquisidoras para plantear preguntas transcendentales sobre el microcosmos. Podemos ser retóricos, arriesgados y aguerridos cuando discutimos acerca de lugares remotos de la galaxia, pero aquí, sobre la Tierra, evadimos preguntas importantes sobre el nano-mundo, ante el temor de recibir respuestas que nos desconcierten. Es como si quisiéramos evitar que nos digan a la cara que somos criaturas inferiores o que somos la obra creativa de alguien distinto al Señor de los Cielos.

La evolución de las especies, los instintos y algunos ciclos de la naturaleza pertenecen a este grupo de temas temidos y extrañamente ignorados.

Los Instintos

Pecados: Estancamiento y Miopía

La palabra instinto proviene del latín, pero no sabemos quién la acuñó en la jerga científica. Los instintos junto con la palabra evolución son, para la ciencia, lo mismo que para la religión es la frase: "Dios trabaja de formas misteriosas". Con tal argumento las siguientes preguntas siempre han quedado sin respuestas:

- ¿Por qué tenemos que sobrevivir?
- ¿Por qué tenemos que reproducirnos?
- ¿Cómo conocen las aves del paraíso, en Nueva Guinea, sus rituales de cortejo?

La lista de los instintos es interminable.

En la era de la programación, de la gran data, de las telecomunicaciones, de las misiones interplanetarias, del CRISPR y de la ingeniería genética, los instintos constituyen, extrañamente, una idea autosuficiente. A nadie le llaman la atención. Muchos de los programas acerca de la naturaleza realizados por Sir David Attenborough mencionan repetidamente esta palabra "sagrada", pero las imágenes fascinantes que vemos transforman toda la experiencia visual y cognitiva en un acto de fe.

Deben existir, aún por descubrir, bellísimas historias científicas debajo de los misteriosos instintos. Quizás ya sea hora de desenterrar esas historias.

Como nota al margen, recordamos que las herramientas necesarias para la subsistencia de todas las especies de este planeta son trasmitidas por vía del baúl de los instintos y, sin embargo, la religión no viene en el baúl del Homo Sapiens: la religión tiene que ser, forzosa y desafortunadamente, implantada en nuestra conciencia.

Los 4 Fantásticos: Hidrógeno, Carbón, Nitrógeno y Oxígeno

Pecados: Estancamiento, Miopía y Monolingüismo

La vida es una rebelión contra el orden universal de planetas y galaxias, de átomos y moléculas. Los responsables son cuatro elementos: hidrógeno, carbón, nitrógeno y oxígeno. Estos constituyen el 96% de la masa de todos los seres vivientes. Ellos trabajan en ciclos (11). Pero para la ciencia esos ciclos se parecen más a una noria o a un laberinto de consecuencias irrelevantes.

El hidrógeno y el oxígeno del agua congelada, al contrario de la mayoría de los elementos y substancias, en lugar de hundirse permanece flotando sobre la superficie líquida. Este hecho inadvertido y cotidiano impide que los lagos y los ríos se congelen por completo y que la vida continúe por debajo del hielo en pleno invierno. Y el carbón es tan amigable que puede formar parte de moléculas de todo tipo y tamaño.

Ya sea por el enlace especial del hidrógeno del agua y su geometría tetraédrica, por las propiedades liberadoras de energía del oxígeno, por la simétrica promiscuidad y la perfecta relación masa-peso del carbón o por la conciencia equilibrista del nitrógeno, esta sociedad de elementos merece mucha más atención que la contemplación religiosa o el injusto olvido al que los sometemos y que solo desaparece cuando tenemos sed.

Los Inútiles

Empujada por el estrellato, la ciencia, con frecuencia, escoge temas para que sean el sujeto de devoción por parte de su feligresía. La irrelevancia es la primera y más notable característica de los temas miembros de este club.

Los Dinosaurios

Pecados: Estrellato y Sumisión

La extinción es un concepto simple y fácil de entender. Ha sido parte del léxico científico por siglos y no es un atributo exclusivo del Triceratops o del T-Rex.

El estatus de celebridad de los dinosaurios es el caso más patético de exuberancia inútil, dejando atrás a la antropología con sus películas sobre "El Planeta de los Simios". Los habitantes del Parque Jurásico también sobrepasaron a la astrofísica y a Darth Vader, como el género y el personaje mejores pagados en la taquilla científica.

Desde que la evolución se hizo corriente fundamental dentro de la ciencia, y más aún ahora en la era de la tecnología asociada al ADN, la mayoría de los esfuerzos de la antropología y de la paleontología pueden considerarse ejercicios banales, de la misma manera en que la esgrima y la equitación son disciplinas que, por obsoletas, no encajan dentro de los juegos olímpicos modernos. Las excavaciones y el desentierro de fósiles pueden aportar placer a nuestro arrogante y exhibicionista espíritu de cazador, pero poco contribuyen hoy al avance científico. Las ideas amplias y generales sobre la evolución que le tomaron a Darwin cinco años de exploración alrededor del mundo, hoy se entienden y se demuestran, con infinito detalle, en pocas horas de muestreo y análisis en los laboratorios dedicados a la genética. La antropología y la paleontología deberían ir de salida, pero, extrañamente, permanecen sólidas a pesar del limitado propósito científico.

Los dinosaurios se merecen un buen lugar y quizás hasta un capítulo en los tratados de historia natural. Pero no podemos dejar de pensar en los millones de tratamientos contra el cáncer, las vacunas, los pozos de agua y la comida que ha podido comprarse con los mismos recursos dedicados a los dinosaurios, pero aprovechados para cuidar a tantos niños desamparados de este mundo. Es casi seguro que estos niños no visitarán nunca los museos y las exhibiciones de fósiles que fueron extraídos del suelo sobre el cual un día nacieron.

La Degradación de Plutón

Pecados: Estrellato y Absolutez

Ignoramos cuál es la tarifa por hora de los servicios del Dr. Neil de Grasse Tyson o el salario de los renombrados astrofísicos de la Unión Astronómica Internacional. Pero al igual que en el caso anterior, gastar dos horas en el juicio para la degradación del planeta Plutón o en la definición de lo que sería un "planeta enano", en ambos casos, es demasiado. Nuestras definiciones humanas no cambian absolutamente nada en relación con los hechos del universo. En un ejercicio de arrogancia y de búsqueda de fama, algunos hombres de ciencia creen que tales definiciones son el comienzo o el prerrequisito de la verdad científica.

Por supuesto, nada se compara con el brillo de los dinosaurios en su camino a alcanzar una estrella en el famoso boulevard californiano.

Mantengamos los pies sobre la Tierra y los ojos abiertos para detectar estos señuelos que nos distraen de los verdaderos objetivos de la ciencia.

Acerca de Wikipedia

Muchos reinos están sucumbiendo a las manos del internet y existe mucho temor dentro de los miembros de su realeza.

La humanidad pudo vivir cientos de siglos sin el concepto de "propiedad intelectual". No fue sino hasta el siglo XX en que aquellos que siempre han ostentado el poder la relanzaron como lubricante para su enorme maquinaria y para la preservación de su hegemonía. Hábilmente, pero con una tenue línea gris, la propiedad intelectual fue diferenciada del conocimiento como derecho humano y como propiedad social.

A pesar de lo anterior y gracias a la disrupción creada por la revolución informática, el común de la gente puede acceder fácilmente al saber.

Wikipedia es uno de los guerreros más valientes del internet como la némesis de la propiedad intelectual. La inesperada e involuntaria democratización de la información parece haber tomado por sorpresa a aquellos que hasta hace poco seguían enriqueciéndose a partir de datos e información que, se supone, son del dominio público.

Wikipedia como iniciativa sin fines de lucro es un hermoso ejemplo del desprendimiento y de la gentileza humana. Los puristas dirán que la información no es de máxima calidad y puede que estén en lo cierto. La información completa y actualizada sigue estando ligada a los sistemas educativos tradicionales y a los centros de investigación públicos y privados. Pero la inclusión y la masificación es lo que resalta en este caso. El promedio del nivel de conocimiento va incrementándose a gran velocidad y cada vez son menos las comunidades que permanecen aisladas de tal conocimiento. Otras iniciativas de menor tamaño y para audiencias específicas como la Academia Khan también aportan de manera importante a esta loable tarea.

Larga vida tenga el conocimiento gratuito.

El Perdón

Existen dudas sobre la efectividad de los rezos de los creyentes sobre ciertas cuestiones mundanas, pero para el caso de los pecados de la ciencia podemos decir con certeza que los rezos son inútiles. De hecho, el primer paso para la redención científica es dejar a la religión y a Dios de un lado.

Como se dijo con anterioridad, gran parte de nuestro futuro como individuos, como sociedad y como miembros de esta comunidad terrenal depende del poder sanador y auto-sanador de la ciencia. De valor sin precedente resulta el episodio sucedido dentro de la comunidad científica a comienzos del año 2020 en el que la Dra. Frances Arnold, premio Nobel de química 2018, con gran coraje cuestionó y retiró los postulados de una de sus recientes publicaciones al constatar que había cometido un error durante la investigación y que los resultados no habían podido ser replicados con éxito.

En un intento de resumir ideas y de encontrar algunas respuestas y antídotos, sin absolutez y sin arrogancia, visitemos de nuevo los pecados de la ciencia.

Para la Absolutez: Nada es definitivo. La ciencia tiene que incorporar la paradoja socrática "solo sé que no se nada" dentro del juramento científico y estructurar el progreso como aproximaciones sucesivas o soluciones parciales a problemas de tamaño infinito.

En su camino, la ciencia siempre encontrará retos e invitaciones a seguir, como en los siguientes casos:

- Superbacterias que mutan para engañar al antibiótico más avanzado.
- Una nueva orilla a la vista cuando el hombre se desplace sobre la ola expansiva del borde del universo.
- Procesos o reacciones más veloces que la luz cuando conquistemos los agujeros negros y construyamos los túneles-gusanos del espacio-tiempo.

Para la Arrogancia: En cualquier escenario, el hombre es una creación de diseño. Mas cercanos a la imperfección que a la perfección, si nos basamos en nuestro corto historial, no hay mayor cosa por la cual los humanos deban sentirse orgullosos. La humanidad nunca ha sido símbolo de excelencia o de exclusividad. Somos tan sólo un paso más dentro de las cosas que han existido y que existirán dentro del continuo de la realidad. Y a pesar de la fuerte creencia de que estamos en capacidad de determinar nuestro propio futuro, lo más probable es que las leyes del universo en algún momento nos pidan la carta de renuncia y que en un segundo galáctico pasemos a ser otra especie extinta. Recordemos además con humildad que somos agua en un 60%.

Para el Monolingüismo: Es entendible que no podamos imaginarnos a la ciencia sin las matemáticas. Muchas de las obras de arte de la ciencia han sido pintadas con sus colores. Pero también conocemos el poder de lo políglota y lo multicultural que nos permite entender diferentes mundos de manera efectiva e integradora.

Alejada de la ciencia y mucho antes que esta, la matemática llegó al hombre por dos razones: a) para resolver problemas mundanos en una época en que todo lo demás se explicaba a través de Dios y b) para entretener nuestra curiosidad humana.

A pesar de la relación íntima que comenzó hace algunos siglos, la matemática nunca ha sido una pareja ideal para la ciencia en la tarea de describir juntos la naturaleza y el universo. Ella es simplemente un "dialecto" a la mano ante la ausencia de mejores opciones. Se hace necesario entonces crear y aprender otras formas de expresión y modelaje científico de la misma manera en la que hemos inventado el lenguaje de señas para convivir con la sordera.

En tal sentido, las ciencias de la computación pueden ofrecer varias oportunidades. Si exponemos máquinas autodidactas a la inmensa data recolectada hasta ahora acerca de los grandes y difíciles enigmas por resolver, quizás ellas puedan generar modelos y representaciones nuevas, distintas a las que hoy las matemáticas y nuestra imaginación nos fuerzan a crear.

Para la Miopía y el Estancamiento: Estos dos pecados son tratados de la misma manera ya que ambos expresan aprensión por lo desconocido. Afortunadamente, la vida y la naturaleza solo guardan cosas buenas para ser descubiertas por el hombre. El mal solo está en nuestras cabezas, e incluso la entropía es buena. La absolución se logra reiniciando nuestras mentes curiosas y espantando todos los fantasmas. Luego solo queda seguir avanzando, saltar sobre los muros y mirar al horizonte.

Para el Estrellato: La ciencia, en todas sus formas, debería ser un esfuerzo colectivo de la humanidad. Un sistema meritocrático y balanceado debería determinar los procedimientos y los reconocimientos, sin dar cabida a la extravagancia en búsqueda de celebridad. Como antídoto a este mal se exigiría eficiencia científica (no confundir con eficiencia económica) para cubrir una amplia y nueva agenda que debe incluir lo siguiente:

- La cura de enfermedades.
- El bienestar para todos.
- Sostenibilidad verdadera.
- Reparación de los daños a la Tierra.
- Prevención de desastres.
- Y el descifrado de la vida y del universo a través de la exploración no invasiva.

Para la Sumisión: Es muy difícil cortar las ataduras que unen a la ciencia y a la economía. La atracción y el poder adictivo de esta última hace que los miembros de la primera crean que la ciencia y la economía coexisten de manera simbiótica cuando en realidad se trata de una relación disfuncional y destructiva. Hoy en día aún creemos que las máximas sobre la importancia del desayuno como comida ineludible y del consumo de dos litros de agua al día se originaron en laboratorios dedicados y preocupados por la nutrición y el balance electrolítico del cuerpo humano. Esas ideas salieron de otro tipo de laboratorios. La primera vino de los laboratorios de mercadeo de las empresas de cereales para impulsar su consumo conveniente en el corto tiempo antes de ir a la escuela o al trabajo. La segunda surgió de los laboratorios de mercadeo de las embotelladoras de agua, en donde también se fabricó la mala reputación de la calidad del agua proveniente de los acueductos municipales.

Hacen falta nuevos liderazgos que traigan un cambio de dirección para liberar a la ciencia de su actual dueño esclavista: la economía.

A la comunidad científica y a los creyentes

Bajo cualquier óptica, la ciencia ha sido un salto cuántico para la humanidad: el progreso, la libertad y el bienestar, entre otras mediciones, soportan este argumento.

Los soldados de la ciencia, esperando ser malentendidos, muchas veces prefieren vivir sus vidas alejadas del resto del mundo. Con frecuencia son considerados seres extraños. (En el capítulo sobre "Ingenieros, Científicos y Programadores" del clásico de Scott Adam "El Principio de Dilbert", se plantea una graciosa representación de lo que el mundo piensa sobre ellos).

Ese don especial que los lleva a la abstracción y al entendimiento los mantiene alejados de la locura cotidiana mientras trabajan en la solución de los problemas creados por otros. Sin mayores aspiraciones políticas o económicas, la felicidad, la paz interior y el optimismo parecen estar siempre con ellos, particularmente entre aquellos que han logrado divorciarse de la religión como ha sido el caso de Stephen Hawking, Richard Dawkins y Carl Sagan. Sin embargo, muchos siguen encontrando sentido y razón en Dios.

Desafortunadamente, con frecuencia no es un dios benévolo el que dirige los esfuerzos científicos. Dos espíritus parecidos y siniestros, la guerra y la competencia, parecen estar siempre detrás del próximo movimiento macabro de la ciencia, en donde los científicos juegan el papel de soldados de un ejército invisible pero destructivo. Miles de horas de investigación son dedicadas a la creación de nuevas armas para llevar a cabo más guerras y más invasiones. De la misma manera, las corporaciones se dedican permanentemente a la creación de nuevas y contaminantes banalidades para ser mostradas en las pantallas de Times Square-NY o Piccadilly Circus-Londres y en las vitrinas de Champs Elysees-Paris o Nanjing Lu- Shanghái.

La competencia, otra aberración que llegó a la ciencia de la mano de la economía, es el espejismo de los tiempos modernos. En plena contradicción, resulta gracioso ver como los jefes, gerentes y dueños de corporaciones nos llaman a la cooperación y al trabajo en equipo en nombre de la competencia, una vez que ha quedado definida la línea que los separa a ellos del enemigo comercial. Teniendo valor lúdico y de entretenimiento, la competencia parece adecuada para las Olimpiadas, la Copa Mundial o el Superbowl. Pero la cooperación siempre estará por encima de la ineficiente competencia que, en definitiva, echa al traste todo el esfuerzo del perdedor. Incluso el proceso de aprendizaje asociado a estas guerras de conocimiento tiene mayor alcance cuando se hace en un ambiente cooperativista.

Y para aquellos casos en que un espíritu competitivo pareciera ajustarse mejor que la cooperación, como es el caso de los deportes individuales, la fuerza de voluntad y no la competencia, sería, sin duda, una actitud más productiva y apropiada. La competencia nunca podrá ganarle a la cooperación y a la fuerza de voluntad trabajando al unísono. La cooperación es un valor familiar y de la sociedad que por alguna extraña razón no es bienvenida en la economía actual que está plagada de engaños, explotación y oportunismo.

El progreso debe continuar no como una exigencia instigada por las corporaciones sino como el esfuerzo de una sociedad comprometida con la agenda mencionada en la sección anterior y en un ambiente de cooperación. A manera de índice de avance científico y como primera aproximación a la medición del bienestar individual y colectivo de los hombres podría usarse el Índice de Desarrollo Humano IDH, sugerido por las Naciones Unidas, que de manera combinada mide tres dimensiones: a) vida larga y saludable b) nivel de educación y conocimiento c) un estándar de vida digno.

Como parte de una nueva agenda científica, y en lugar de ser el producto de deseos mercantilistas, los paneles solares o las turbinas eólicas y de mareas deberían ser el resultado de un trabajo conjunto para suplir al mundo de energía renovable no contaminante. Las vacas manipuladas genéticamente para lograr alta producción lechera, y las semillas Monsanto pueden ser la respuesta adecuada para resolver el hambre y la malnutrición infantil, como parte de un ejercicio expiatorio en apoyo a las comunidades pobres de África, Asia y América Latina.

Mientras tanto, el crecimiento y la competencia deben ser una pequeña parte de un gran plan que apunte a compensar y a nivelar la desigualdad que hoy reina en el mundo. Una vez alcanzado un nivel mínimo y digno de desarrollo humano sustentable, el crecimiento y la competencia deben ser relegados a niveles que no pongan en peligro dicha sostenibilidad.

La ciencia seguirá floreciendo como parte integral de un sistema educativo que apunte a propósitos superiores y trascendentes. Ella puede ser financiada con una fracción de los gastos militares y con los impuestos de aquellos que insistan en hacer dinero a través del lujo y de lo superfluo en una economía que no pueda lucrarse utilizando la miseria de otros.

A los creyentes

Los dioses y las religiones pueden ser entidades producto del amor o del mal. Si su intención original fue proteger familias y comunidades de algunos males y algunas amenazas, seguramente llegaron a nosotros desde el amor. Si por el contrario fueron creadas por los poderosos para dominar y subyugar a los débiles, su origen es malsano. Pero sin importar el origen, la mayoría de las religiones de hoy parecen existir como una herramienta más de dominación, a la par del racismo, la supremacía y la discriminación. En esta era de la ciencia, de los derechos humanos, de la visibilidad, la conectividad y la transparencia global, las religiones han perdido toda razón de ser. La simple pregunta ¿Cuál es la religión correcta? nos llevará inevitablemente a la invalidación de todas ellas. Las propuestas y formas religiosas no tienen sentido ni siquiera para la adoración de un bondadoso ser superior que, en caso de existir, miraría con malos ojos la mayoría de las prácticas excluyentes y perversas que en ellas predominan.

Dentro de su irracionalidad, las religiones coexisten con toda clase de demonios como, por ejemplo:

- Esquemas ponzi, tele-evangelistas y los juegos de poder de las iglesias cristianas de todo el mundo, pero particularmente de EE. UU. y Brasil.
- La horrible violencia de la iglesia católica del pasado y del islamismo de hoy.
- Las desviaciones sexuales de los sacerdotes católicos.
- el absurdo infinito de los mormones y cienciólogos.

La gratitud que suele verse dentro de las religiones proviene siempre de los senos familiares, de las comunidades y de las sociedades, porque el amor es un don de la humanidad que florece sin importar las creencias religiosas y, muchas veces, a pesar de estas.

Lo único que tienen en común todas las religiones es que sus principios y enseñanzas son transmitidos, a través del amor, por aquellos que te dan comida y te protegen por toda la vida: tus padres. Y es difícil ir en contra de ellos porque nadie muerde la mano que le da de comer.

El salirse o el hacerse a un lado de la religión no significa morder la mano de los padres, con quienes siempre se intercambiará amor. Por el contrario, solo se estará dando la espalda a individuos u organizaciones que solo quieren tu dinero, tu voto, tu vida o tu alma.

Por otro lado, ser "no creyente" significa liberación y claridad. No importa si se hace abiertamente o dentro del closet. Una vez dado el paso, se experimentará la gratificante sensación de amar a todos y a todo sin limitación. A partir de ese momento te seguirán como un aura la felicidad y la armonía, dos ingredientes escasos pero necesarios para un mundo mejor.

Acerca del amor y las mujeres

Algunos científicos y algunos "no creyentes" acarician la idea de que el amor es la expresión de sustancias bioquímicas trabajando en nuestros corazones, en nuestros estómagos y en nuestros cerebros (13). Si esto es cierto, ni siquiera los "no creyentes" parecen prestarle mucha atención a tal afirmación. La trascendencia del amor va mucho más allá de la mera explicación científica de su misterioso accionar.

El amor y la inteligencia podrían ser los más recientes aportes de la evolución. Y basados en el hecho de que la inteligencia también se muestra en especies "inferiores" como cotorras y pulpos, es probable que el amor sea el más reciente de los agregados, ya que solo lo vemos en mamíferos como delfines, elefantes y monos. Quizás el amor fue entonces creado, por diseño, para contrarrestar los efectos secundarios de la poderosa pero impredecible inteligencia.

Pero no debemos confundir amor y atracción sexual. Las limitaciones y distorsiones del lenguaje tienden a aglutinar las consecuencias del instinto de reproducción y del instinto de supervivencia en una misma palabra (e9) . Sin embargo, existen algunas diferencias entre ambas. La reproducción acompaña al deseo sexual. Sea cual sea la razón, tal atracción y la reproducción decaen con el tiempo. Pero el elegante amor familiar nos llega a través del deseo de supervivencia y, por el contrario, perdura y crece.

De esta manera, el amor es el único proceso que de forma unánime puede considerarse bueno y necesario en este mundo. Es la fuerza transversal unificadora. La única droga legal apropiada para cualquier edad y género. Dictadores, traficantes, asesinos en serie y toda clase de monstruos, todos se rinden a los pies del amor, que parece servirles como un mejorador de su desempeño.

Este último tipo de amor es para las mujeres su esencia, pero extrañamente la mayoría de las historias de amor son escritas por hombres de la misma manera en que la historia del mundo es escrita por los vencedores. Las mujeres, y en particular las madres, no tienen tiempo para escribir esas historias de amor porque se la pasan toda su vida fabricándolo y llevándolo encima como los guerreros llevan sus armas. Un mundo liderado por mujeres tendría como prioridad los derechos humanos sobre cualquier otra cosa y transformarían la vida en una experiencia sin mayores preocupaciones.

Si la humanidad ha de sobrevivir, la mejor oportunidad se tendría haciendo lo siguiente: démosles la batuta a las mujeres y dejemos que nos guíen.

===============

Referencias

1. Dawkins, R."The Greatest Show on Earth: The Evidence for Evolution". Transworld, September 2009,ISBN: 978-0-465-06990-3.

2. Dawkins, R. "The God Delusion". Bantam Books, October 2006. ISBN: 0-618-68000-4.

3. Carruthers, P. "Human Creativity: Its Cognitive Basis, its Evolution, and its Connections with Childhood Pretence". The British Journal for the Philosophy of Science, Volume 53, Issue 2, June 2002, Pages 225–249.

4. Richard, W. "Simply Einstein: Relativity Demystified". W.W. Norton & Company, Nov 2003, ISBN: 978-0-393-05154-4.

5. Al-Khalili, J."Paradox: The Nine Greatest Enigmas in Physics". Random House LLC, October 2012, ISBN-10: 9780307986795.

6. Landis G. A. "The coming technological singularity: How to survive in the post-human era". In Vision-21: Interdisciplinary science and engineering in the era of cyberspace, NASA Publication CP-10129,1993, pp. 11–22.

7. Rybicki, EP. "The classification of organisms at the edge of life, or problems with virus systematics". South African Journal of Science. 1990; 86: 182–86.

8. Hawkins, S. "A Brief History of Time: From the Big Bang to Black Holes". Bantam Books, April 1998, ISBN: 0553380168.

9. Steinhardt, PJ & Turok, N. "A cyclic model of the universe". Science, May 2002, 296 (5572): 1436–1439.

10. Levitt, S.D., Dubner, S.J., "SuperFreakonomics: Global Cooling, Patriotic Prostitutes, and Why Suicide Bombers Should Buy Life Insurance". William Morrow, October 2009, ISBN: 0-06-088957-8.

11. Deamer, D. "Assembling Life: How Can Life Begin on Earth and Other Habitable Planets?". Oxford University Press, December 2018, ISBN: 0190646381.

12. Pickover, C.A."The Möbius Strip: Dr. August Möbius's marvelous band in mathematics, games, literature, art, technology, and cosmology". Thunder's Mouth Press. March 2005,ISBN: 978-1-56025-826-1.

13. Fisher, H."Why we love: The nature and chemistry of romantic love". Henry Holt and Co., January 2004, ISBN: 0-965-92053-4

Enlaces Electrónicos

(e1) https://
rationalwiki.org/wiki/Massacres_in_the_name_of_a_peaceful_
faith

(e2) http://
faculty.philosophy.umd.edu/pcarruthers/Human%20creativity.
pdf

(e3) https://
es.wikipedia.org/wiki/Singularidad_tecnol%C3%B3gica#:~:tar
getText=Pero%20no%20es%20hasta%201983,posibles%20cau
sas%20de%20la%20singularidad

(e4) http://
jonlieffmd.com/blog/the-emperor-of-cells-how-intelligent-are-
cancer-cells-2

(e5) https://
es.wikisource.org/wiki/Mensaje_del_gran_jefe_Seattle,_de_la_t
ribu_dewamish,_al_presidente_de_los_Estados_Unidos,_Frank
lin_Pierce

(e6) https://
www.ecofuneral.es/principios-para-celebrar-un-ecofuneral

(e7) http://
www.movementrights.org/resources/RONME-
SowingSeeds.pdf

(e8) https://
www.youtube.com/watch?v=_XMlwcAHlHI

(e9) http://
helenfisher.com/downloads/articles/04natofrl.pdf

Gracias por leer este libro.

A quienes se dediquen a la ciencia, espero les traiga un pequeño haz de luz en su buen andar.

A quienes, como yo, observan expectantes desde afuera, espero reciban la certeza de que no están solos.

Si quieres, por favor comparte tus comentarios en alguno de los siguientes sitios:

- Blog de "Los Siete Pecados de la Ciencia"
- Blog de "The Seven Sins of Science" (para comentarios en inglés)
- Comentarios en Amazon
- Mi correo electrónico: manuel@troconisg.me

Acerca del Autor

Manuel Troconis G. es un "dudador metódico" e ingeniero con una maestría en tribología en The Ohio State University. Pasó su infancia en Venezuela y ha vivido en Inglaterra, EE. UU. y China. Ha andado su vida profesional entre campos petroleros, fábricas, oficinas burocráticas y desde el año 2009 vive en Hong Kong desde donde es testigo de los cambios del mundo y del estancamiento de la ciencia -su religión- en muchas áreas. Preocupado por el futuro de sus seres queridos y por unos 8 millardos de vecinos, se ha sentido alentado a escribir estas páginas con la esperanza de aportar un grano de arena en el andar de la comunidad científica y su loable tarea de resolver los entuertos que va dejando la humanidad

Colaboradores

Editores

Eduardo Troconis G   eduardotroconiset@gmail.com
Oswaldo Torres   torresoswaldob@gmail.com

Ilustraciones
Ilustradora de todas las imágenes (con excepción de "El cálculo y los elementos finitos" y "Las series de Fourier"):

Mayra Alejandra Martínez G.   mayram.contact@gmail.com

Otras Imágenes
"El cálculo y los elementos finitos": Kennaway R, Coen E, Green A, Bangham A. 2011Generation of diverse biological forms through combinatorial interactions between tissue polarity and growth. PLoS Comp. Biol. 7, 22. (doi:10.1371/journal.pcbi.1002071) Crossref, ISI, Google Scholar

"Las series de Fourier": Sławomir_Biały, Ikamusume Fan, Wikipedia.